DIGITAL
TRANSFORMATION

デジタルトランスフォーメーション・ジャーニー

JOURNEY

組織のデジタル化から、分断を乗り越えて組織変革にたどりつくまで

市谷 聡啓 ┃ 著

SE
SHOEISHA

■ 推薦のことば

暗中模索の中で、本書が示すジャーニーは1つの手がかりとなる

野村ホールディングス株式会社

執行役員　未来共創カンパニー長　池田肇

　近年、企業におけるデジタルトランスフォーメーション（以下、DX）の取り組みは確かに進んできていますが、まだ発展途上の段階と言えます。特に金融機関におけるDXは、他業界に比べて課題も多く、弊社でも部門横断組織を作り、この1、2年、リソースを集中投下して取り組んでいます。

　弊社だけでなく、こうした状況下にある多くの企業にとって、本書は「実践レベルでの指南書が現れた」という実感を持てる内容になっています。DXとは、業務のデジタル化から、CX・EXにとっての価値創出まで、まさしく組織を作り替えるに等しい活動と言えます。現業に取り組みながら、新たな組織の姿を模索していくわけですから、どうしても、「どこから取り組み始めたらよいか？」「どのように進めていけばよいか？」という難題にぶつかることも多い。そうした暗中模索の中で、本書が示すジャーニーは1つの手がかりとなるでしょう。

　本書を執筆された市谷さんは、弊社のDXにご協力いただき、ともに取り組みを進めています。本書で紹介されていることのいくつかには、私たちとの取り組みから得られた知見が活かされています。特に、他の事業部門との協働にあたっては、アジャイルや仮説検証といった新たな取り組みが必要であり、現場と実践で培われた知見が本書から得られるのではないでしょうか。

　随所で語られているとおり、DXには何か唯一絶対の必勝法があるわけではありませんし、企業が自分たち自身でその道筋を捉え、試行錯誤を繰り返していく必要があります。この本をかたわらに置いた企業や個人の皆様が、現場と経営の一体・一致感を醸成しながらトランスフォーメーションを果たしていかれることを、心から願っています。

▌はじめに

「どうすれば組織の中の分断を乗り越えられるのか？」

　デジタルトランスフォーメーション（DX）の名の下に進められる、企業・事業活動の支援に携わる中で最も向き合っている問いです。業務のデジタル化や、アジャイルなプロダクト作り、新たな事業創出といった手強い課題を前にして、立ちすくんでしまうのは、それがテクニカルに難しいからだけではありません。「これまで（考え方ややりよう）」と「これから（取りたい考え方ややりよう）」の間に衝突が生じるからです。あるいは、衝突にすらならないすれ違い、やり過ごし、無関心といったものです。

　組織が環境や社会に適応するためには、これまでの組織能力（深化、洗練、カイゼン）だけでは困難であり、新たな能力（探索、仮説検証、アジャイル）の獲得が必要です。事業と組織のあり方そのものをトランスフォーム（変革）していかなければならない、こうした方向性はもはや仮説ではありません。適者生存のために不可欠なすべであり、DXを推進する組織が実際に取り組んでいるところです。

　しかし、現実には冒頭の問いにぶつかり立ち止まることになるのです。ひとたびこれまでのあり方ややりようを変えようと動き出してみると、今まで組織内に潜在的に存在した無数の分断にさっそく突き当たるのです。組織の方針やプロセス、技術など「これまで」と「これから」のあり方における分断をはじめとして。役割や職種の間、経営・マネジメント層と現場との間、世代と世代の間においてすら分断が組織に内包されています。

　こうした分断にただ真正面から対立軸で臨んだとしても、状況は変わりません。数十年の時の積み重ねで築き上げてきた組織の慣性は、多少の正論や理屈があったところで微動だに動きを変えません。分断を乗り越えるのに必要なのは、どちらかに烙印をつけるまで戦い続ける二項対立の姿勢ではなく、状況に最も適した選択と行動を取ろうとする理性と成果に向けての協働の方法です。これらを組織が獲得するための道筋を伝えるために、この本を書きました。

　道筋は4つの段階——業務のデジタル化、スキルのトランスフォーメーション、ビジネスのトランスフォーメーション、組織のトランスフォーメーション——から構成されており、本書では「**デジタルトランスフォーメーション・ジャーニー**」と表現しています。

　組織のトランスフォーム（変革）を目指し、まずその前提ともなる「コミュニケーションのデジタル化」から取り組み始めます。次に、最も組織に不足している探索的能力として「仮説検証」と「アジャイル」という**ケイパビリティ**（組織能力）の獲得。その上で、DXの本丸となる新たな顧客体験を創出するためのビジネスのトランスフォーメーション。さらに、こうした変革の道筋に立ちふさがる「垂直上の分断」と「水平上の分断」のメカニズムを解き明かしていきます。そして、これらを突破するための「**アジャイルブリゲード**」という組織パターンの運用に取り組んでいきます。

　「デジタルトランスフォーメーション・ジャーニー」を進めていく先でたどり着くのは、一部の専門チームだけではなく、組織全体に探索と協働のための「アジャイル」を伝播させていくこと。新たな選択肢を自ら作り出し、仮説検証に基づいた意思決定ができる組織へと踏み出していくことです。

　組織の変革を目指す、となれば相応身構えてしまうものです。しかし、私がこの本で伝えたいのは、組織変革のための重厚な戦略論でも、エモーショナルな精神論でもありません。組織が新たな力を得るというのは、チームや部署が新たな力を得られるようにするということであり、つまりは1人ひとりの取り組みに依るということです。組織を、自分たちが居る場所を、より良くするための活動に許可も説得も本来必要のないことです。

　そう、この本は、組織の中にある深い分断にたたずみながら、それでもなお向こう岸への橋渡しを諦めない、すべての人たちへのエールです。

■ 本書の読み方

　本書の主な想定読者や読み方について示しておきます。特に、アジャイル（スクラム）に初めて触れる方は、p.x「スクラムの概要」に目を通しておいてください。

本書の想定読者

　本書は、以下の方々を想定読者に置いています。

- ⊙ 社内でデジタルトランスフォーメーション（DX）を進める担当者、関係者の方

　立ち位置がDX推進の専任部署なのか、情報システム部門であるかは問いません。DX推進を支援する部署や役割の方も範疇に含まれます。

　また、以下の方々も読者として想定しています。

- ⊙ 事業部門（既存事業、新規事業を問わない）
- ⊙ DXに依らずソフトウェア開発に携わる現場担当者
- ⊙ 経営に関与する役割の方（経営者、マネジメント）

　いずれも組織が新たに必要とする「探索のケイパビリティ」の担い手と言えます。探索のケイパビリティは、現場でのプロダクト開発、既存事業の価値向上、新規事業の創出いずれにおいても必要不可欠です。また、その獲得を推し進める立場の方々（経営やマネジメント層）も本書の主要な読者に含まれます。p.vii「各章内の構成」で、それぞれの立場に基づく読み方を示します。

本書では扱っていないこと

　この本では以下の内容は扱っていません。

- ⊙ 具体的なツールを特定した上での活用方法など
- ⊙ DXに関する業界個別、特有の内容
- ⊙ 2025年の崖に向けた情報システム刷新の方法

　こうした内容については、すでに類書が刊行されています。そちらをあたってください。

本書の構成

　基本的にどのような立ち位置の方であっても、第1章から順に読み進めることを推奨します。

- ◉第1章、第2章は本書の導入にあたります。第1章で日本におけるDXの背景と概況を示し、第2章で「デジタルトランスフォーメーション・ジャーニー」の概要を扱います。
- ◉第3章〜8章は、「デジタルトランスフォーメーション・ジャーニー」に則り、DXを進めるにあたって具体的に必要となる考え方、プラクティスを扱います。
- ◉「デジタルトランスフォーメーション・ジャーニー」は4つの段階で構成されており、以下各章で詳説しています。
  - ・第1段階：業務のデジタル化 → 第3章、第4章
  - ・第2段階：スキルのトランスフォーメーション → 第5章
  - ・第3段階：ビジネスのトランスフォーメーション →第6章、第7章
  - ・第4段階：組織のトランスフォーメーション → 第8章
- ◉第9章が最終章にあたり、本書をまとめています。

各章内の構成

- ◉第3章〜第8章は、**変革のためのミッション**、**現場実践**、**変革戦略**の3つの編で構成しています。
- ◉「変革のためのミッション」編では、各章で扱うテーマの背景、内容について示します。具体的に何に取り組む必要があるのか課題を提示しています。
- ◉「現場実践」編では、変革のためのミッションに対して現場でどのように取り組むのか、その方法、プラクティスについて解説します。DX推進の担当者や情報システム部門、プロダクト開発、事業企画チームが特に実践を意識する内容となります。
- ◉一方、「変革戦略」編では、組織を俯瞰して捉え、組織に向けた施策を打ち出すための視点に基づいて何をするべきか示しています。DX推進部署のリーダーやマネージャーなどが扱う内容として書いてますが、現場担当者の方も内容を把握するようにしてください。

　変革戦略編の内容を、マネジメントや上位職の方々が実施できていない場合、その提言を行う必要があります。「DX＝職位の高い人が考えるもの」ではありません。

本書の全体像

第1章

デジタルトランスフォーメーション（DX）の背景の理解
（日本におけるDXの意味と現状）

第2章

DXで直面する課題と向き合い方
（DXという名の組織変革に挑む旅）

| 組織が抱える **「適応課題」** | ← | 適応課題に向き合う 新たなスタンス **「二項動態」** | ← | （新たなスタンスの獲得） 組織変革の指針 **「DXのジャーニー」** |

デジタルトランスフォーメーション・ジャーニー

第3章

業務のデジタル化①
コミュニケーションのトランスフォーメーション

変革のためのミッション

コミュニケーション スタイルを選択可能にする **「ダウンロード型」 「ストリーミング型」**

現場実践

ツールを選んで「仕事のスタイル」も選ぶ

変革戦略

新たなツールが選択できるよう組織ポリシーを整える

↓

第4章

業務のデジタル化②
デジタル化の定着と展開

変革のためのミッション

変化を阻む2つの谷 **「導入の谷」 「定着・展開の谷」**

↓

真に変化が定着するためには **「協働」** のすべを身につける

現場実践

協働のための「タスクマネジメント」／PDCAの調整

変革戦略

展開のための戦略を立てる／「段階の設計」の適用

↓

第 5 章

スキルのトランスフォーメーション
（探索のケイパビリティの獲得）

変革のためのミッション

これからの組織の
人材像を定義するために
組織としての
「ありたい姿」
を描く
（ゴールデンサークル）

↓

DXに必要な
探索のケイパビリティを
獲得する
構想：仮説検証
実現：アジャイル

現場実践

個々人のケイパビリティ可視化と方向づけ
＝「星取表の運用」

星取りのための方針①**「イネーブルメントアプローチ」**
星取りのための方針②**「行為から学ぶ」**

変革戦略

組織のケイパビリティ可視化と方向づけ
＝「DX推進指標」／「DX認定制度」
DX推進者に必要となる
変革推進クライテリアの活用

↓

第 6 章

ビジネスのトランスフォーメーション①
仮説検証とアジャイル開発

変革のためのミッション

事業・プロダクト開発
のための
「仮説検証型アジャイル開発」
を実践する

↓

仮説検証型アジャイル開発の要点①
わからないことを
わかるようにする

仮説検証型アジャイル開発の要点②
ターンアラウンドを
短くする

仮説検証型アジャイル開発の要点③
わからないことを
増やす
（不確実性を飼い慣らす）

現場実践

仮説検証型アジャイル開発
＝5つのジャーニーをたどる

第1ジャーニー：**「価値探索」（課題検証）**
第2ジャーニー：**「価値探索」（ソリューション検証）**
第3ジャーニー：**「スプリントゼロとリリースプランニング」**
第4ジャーニー：**「MVP開発」**
第5ジャーニー：**「MVP検証」**

※ジャーニー全体の目的としてPSfitの確からしさを得る

変革戦略

事業創出の枠組みをつくる
　　（1）プログラム型の事業創出
　　（2）協働型の事業創出
事業企画に終わりを用意する＝ゾンビ化を防ぐ

↓

第7章

ビジネスのトランスフォーメーション②
垂直上の分断を越境する

変革のためのミッション①

MVP検証以降
アーリーアダプターから
マジョリティへ
プロダクトを届ける

←

現場実践

MVP検証以降のジャーニー（第6ジャーニー以降）
①プロダクトを磨く：バケツの穴問題→UXの推敲
②PMfitを目指す：マジョリティへのフィットに向けた仮説検証
③仮説検証の継続：デュアルトラックアジャイルの実践

変革のためのミッション②

事業作りの進展で
乖離し始める
組織方針と現場活動
「垂直上の分断」
関心と情報量2つのズレ

←

変革戦略

・戦略と現場の不一致を解消するための
　「CoE（Center of Excellence）」設置
・CoEの運営をアジャイル（スクラム）で行う
　=「アジャイルなCoE」

↓

第8章

組織のトランスフォーメーション①
水平上の分断を越境する

変革のためのミッション

出島戦略から先で直面する
部署・事業間での隔たり
「水平上の分断」

←

現場実践

組織内に探索の専門性を行き渡らせる／
組織間を越境で繋ぐために
「アジャイルブリゲード」の組成と運用
①探索の専門性を持つ
②専門人材と経営人材、内部人材と外部人材で構成
③新規既存を問わず組織内事業部に越境し協働する
④アジャイルに運営する

変革戦略

アジャイルブリゲードを越えた
全体性のマネジメントのために
「アジャイルディビジョン」の場作りと運営

↓

第9章

組織のトランスフォーメーション②
組織のジャーニーを続ける

1980年代からの日本組織の呪縛を解く
深化に最適化しており探索が欠落している

探索のケイパビリティ
（仮説検証／アジャイル）
を「通常業務」に適用する
（「業務スクラム」）

アジャイルの
"縦糸"（アジャイルの構造化）と
"横糸"（コミュニティ）
で組織を編み直す

↓

組織が変化に適応する限りジャーニーは終わらない

本書全般に現れる概念

本書では様々な概念、プラクティスを扱います。その中でも「ジャーニー」は最も重要な概念です。**ジャーニー**とは「段階」のことです。ある一定の長さの時間の区切り（タイムボックス）のことをアジャイルの用語として「**イテレーション**」あるいは「**スプリント**」と呼びます。ジャーニーは常に一定の長さを繰り返すわけではないため、スプリントとはまた違うものです。また、スプリントが1か月以下（多くの場合1〜2週間）で定義されることが多いのに対して、ジャーニーは1か月〜3か月程度で、スプリントよりも一回り大きな時間の単位となります。

このジャーニーという中程度の時間単位を中心に探索と適応を進めていくことで、ありがちな計画駆動（長い時間軸であらかじめの計画を決めすぎる）を避け、それでいて方向性を見失わずに組織課題に臨んでいくというのが本書の主要な作戦です。

ジャーニーをどのように組み立てるか（段階の設計）は扱う組織課題次第ですが、本書ではDXを段階的に進めるための組み立てのパターンとして「デジタルトランスフォーメーション・ジャーニー」を提示しています。どのように読み解き、活用するかは、第2章で解説しています。

スクラムの概要

本書は、アジャイル開発の1つの流儀である「**スクラム**」の用語を随所で使っています。スクラムに初めて触れる方はここで、その概要を把握しておきましょう。より詳しい内容は、参考書が多数存在するため、そちらをあたってください（本書末尾の参考文献にまとめておきました）。

スクラムとは、複雑な問題に対してチームで取り組むためのプロセス・フレームワークです。スクラムでは経験から学ぶという経験主義を前提に置いており、3つの理論「透明性」「検査」「適応」でその仕組みを支えています。**透明性**とは、チーム活動の過程と結果を見えるようにしておくという考え方です。透明性が担保されることで、作成物や状況の検査ができるようになります。**検査**が行われることで、その結果から次に行うべき意思決定を適切にできます（**適**

応）。この3つの理論でスクラムが成り立っていることを理解しておきましょう。

　スクラムチームを構成する役割は「開発者」「プロダクトオーナー」「スクラムマスター」の3つです。**開発者**は具体的なアウトプットを生み出す役割であり、**プロダクトオーナー**とはその生み出すものがどうあるべきかという判断に最も影響を及ぼす役割です。両者がかみ合わせよく、協働して仕事に取り組めるように働きかけを行うのが**スクラムマスター**です。

　スクラムでは5つのイベント「スプリント」「スプリントプランニング」「デイ

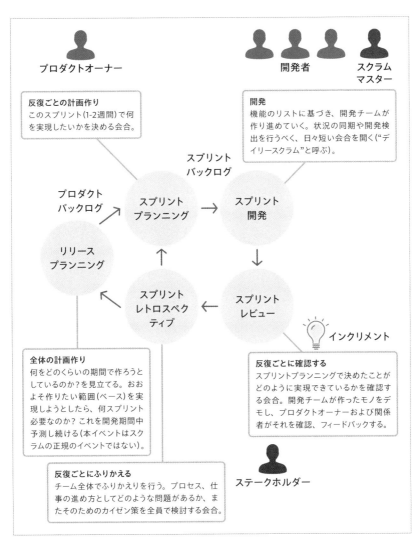

図 | スクラムチームを構成する役割とイベント

リースクラム」「スプリントレビュー」「スプリントレトロスペクティブ」を駆使して進めていくことになります。**スプリント**は先立って説明したとおり、ある一定の長さに基づく時間単位のことです。スプリント期間中にチームは具体的な行動を取っていきます。そのスプリントで何を取り組むか決めるのが**スプリントプランニング**です。**デイリースクラム**は、日々の状況を検査するための短いミーティングのことです。スプリントの最後に開催するのが**スプリントレビュー**で、このスプリントでの成果を関係者（ステークホルダー）を含めて確認し、より良い成果を生み出していくためのフィードバックを集めます。スプリントレビューを終えて、スプリント全体の活動をふりかえるための時間が**スプリントレトロスペクティブ**（ふりかえり）です。自分たちの振る舞いを棚卸しして、次のスプリントに向けた改善点の洗い出しや、やるべきことを決めます。

　こうしたスクラムの活動の中で生み出される作成物が3つあります。「プロダクトバックログ」「スプリントバックログ」「インクリメント」です。**プロダクトバックログ**は、スクラムチームが扱う課題、仕事のリストです。プロダクトバックログから当該スプリントでの対象を選び抜き、取り組み可能にしたリストが**スプリントバックログ**になります。スプリントバックログをもとに、スプリントの活動を進めていきます。最後に、**インクリメント**がスクラムチームの生み出した具体的なアウトプットです。インクリメントを積み重ねていくことで、目的となる成果へ近づいていくチーム活動がスクラムなのです。

この本に関する情報

- サポートページ　https://digitaltransformationjourney.link/
- Twitter公式ハッシュタグ　#DXジャーニー
- 著者プロフィールサイト　https://ichitani.com/

▌Contents

第 **1** 部 デジタルトランスフォーメーション・ジャーニーを始める前に

第2部 業務のデジタル化

第3章 コミュニケーションのトランスフォーメーション 041

第4章 デジタル化の定着と展開 061

第 3 部 スキルのトランスフォーメーション

第 5 章 探索のケイパビリティの獲得 089

第 5 部 組織のトランスフォーメーション

第 8 章 水平上の分断を越境する _____ 191

第 9 章 組織のジャーニーを続ける _____ 225

DIGITAL
TRANSFORMATION
JOURNEY

第1章 DX1周目の終わりに

DX1周目の終わりに

1周目はすでに負けている

この国にとってのDXの意味

「DXとは、本当のところ何を意味するのか？」

実に難しい問いです。**DX（デジタルトランスフォーメーション）**という言葉に込める意図は企業、人によって様々です。この問いに向き合う立場によって違ってきます。日常業務におけるデジタルツール、技術の活用によって効率化を進めることであったり、新たなビジネスモデルを構想し事業を生み出していく場合もあります。そうした取り組みが同時に行われることも、あるいは移り変わっていくこともあります。

捉え方によって目指すところは異なり、取り組みようも変わっていくことになる——ですから「本当のところ」と問いに加えています。私たちは"DX"を通じてどこへ向かいたいのか、その回答自体が取り組む過程において変わっていく可能性があるということです。それはさながら、おぼろげに捉えている方角に踏み出し、少しずつ見えてくる情景を手がかりに自分たち自身がどこへ向かうべきなのかを探り巡る旅（ジャーニー）のようです。DXとは何を意味するのか、そしてどのようにその旅を始め、続けていけばよいのか。ここに、本書を通じて向き合っていくことになります。DXという言葉が持つ意味を探っていくために、まずその背景から捉えていきましょう。

2020年の地球規模の感染症拡大によって日本ではデジタル化の進展について民間企業はもちろん、行政の領域においてもその機運を大いに高めることになりました。業務のオンライン化やリモートワークへの急遽の対応に端を発して、その後も給付金申請をはじめとした行政手続き、学校や医療のオンライン対応など実に様々な混乱を露呈する形となりました。これらの事象が連日報道を賑

わせ、日本のデジタル化の立ち遅れをはっきりと示すことになってしまったわけです。「いかに非接触のまま人と人とが目的の所作を果たすか」ということは容易に解決しきれない、継続的に取り組むべきテーマとなっています。こうした状況が「デジタル化を促す」「これまでの業務や行動のあり方を見直す」という機運に繋がり、結果的にDXへの取り組みを後押しすることになったのは事実です**1**。

2020年夏には経済産業省から国内のDXに取り組む企業を評価し、その先進事例を紹介するDX銘柄の最初の発表**2**がありました。この発信にはDXに取り組む企業への国としての期待を明らかにするとともに、他の企業にとっての手本となる事例の提供がその狙いにあると考えられます。国としてDXの推進を後押ししていく流れと、民間企業のDXへの関心の高まりが一致し、はからずもDX元年とも言うべき年になりました。

こうした動きを皆さんはどのように感じているでしょうか。「DXなんてただのバズワード」「デジタル化の名の下に手段が目的になっている」といったネガティブな印象を持たれている方もいるでしょう。事実、手段の目的化が起きているところも少なくありません。私もDXという言葉が持つ本当の価値に気づいたのは、大企業から中小企業に至るまで幅広く組織支援、事業開発に関わる中でのことでした。DXとは単にこれまでの業務をデジタル化するという話でも、何らかのツールを導入するだけという話でもなく、この言葉によって「**これからの組織のあり方を変える**」という風向きを生み出せる絶好の機会なのです。DXへの期待とは、組織変革への機会と言いかえることができます。

なぜ、そう言えるのか？　1つずつ読み解いていきましょう。まず、この国が置かれている、今ここの「現在地点」とはどのようなものか、から。

---

1 DXレポート2「2.2 コロナ禍で明らかになったDXの本質」に示されているとおり、コロナ禍がテレワーク制度、リモートアクセス環境の整備を促した格好となっている。
　　○デジタルトランスフォーメーションの加速に向けた研究会の中間報告書『DXレポート2（中間取りまとめ）』
　　https://www.meti.go.jp/press/2020/12/20201228004/20201228004-2.pdf
2 2020年8月「DX銘柄2020」「DX注目企業2020」
　　https://www.meti.go.jp/press/2020/08/20200825001/20200825001.html

過去の栄光と未来の衰退のはざま

「今の日本は先進国でも、また発展の途上でもなく"衰退途上国"である」という表現があります**3**。実際、国際競争力を測るランキングで日本は順位を落とし続けています**4**。数十年にわたって、経済が停滞あるいは衰退し続けるというのは、一体どういうことなのか。これだけ一貫して落ち続ける状況にあるということは、もはやどういう状況が「良かった」のか、記憶に思い当たらない人も相当数いることになります。たとえば、私の記憶の中にも、「良かった頃」という比較対象はありません。私がソフトウェア開発の仕事に就いた「2001年」は、就職氷河期と呼ばれ、多くの人が思うように仕事を得られない状況にありました。それから20年、この国の経済について華々しさを感じたときはありません。

一方、そんな状況でありながら競争力に関する国際ランキングの数字が示すほど、身に迫るような危機感を感じたことも同時にないのです。いわゆる「茹でガエル」の状態にあったと言えます。人は環境への適応能力が思いのほか高く、少しずつの変化に対しては、受け入れてしまう傾向にあります。確かに、酷い数字を目にします。日本の人口減とそれに伴って予測される不都合は、「確かな未来」として提示されています。こうした予測の正確性が高まっており、確実な未来として目を背けようがないというのは、ITを専門としていなくても多くの人がわかるところです。

そんな状況にありながら、おそらく衰退途上の世界しか知らない世代にとっては状況を見る目は冷めていて割り切れてしまうのです。「そうはいっても仕方がない。今までもそうだったのだから」と。そう、やはり比較対象となる「良かった頃」が実感としてないため、差し迫る危機として高まってこないのです。日本の今の組織の「現場」を預かり、また組織として「次の一歩」を担うのは、より若い世代です。そうした世代が、「滅びの未来に向かっています」と言われてもピンと来ないのは、なおさらに仕方がない話です。

---

3 冷泉彰彦のプリンストン通信『「発展途上」ではない。日本を衰退途上国に落とした5つのミス』
https://www.mag2.com/p/news/435058

4 IMD「世界競争力ランキング」2020年34位は、2019年の30位からの下落。1992年は首位にあった。2021年は31位と若干上昇したものの低迷が続いている。

でも、我々は今を生きている

　しかし、あるとき奇妙なことに気づいたのです。今、多くの現場や組織が不確実性の高いプロダクト作りや事業開発に挑んでいます。大企業から中小企業まで企業規模を問わず新規事業やプロダクトの立ち上げを、あるいは新しい価値を社会に提案するべくスタートアップする起業を、日々目の当たりにしています。だからこそ、どのようにして不確実性に適応していくのか、そのすべについて扱う議論やコンテンツが賑わい続けているわけです。

　これは奇妙な状況と言えました。日々、不確実性に向き合い、適応のためのすべを講じ、様々な組織・チームとともに挑んでいく。そうした「前線」が確かにありながら、それでいて、マクロ的な観点では確実性の高い衰退へと向かっているというのです。一体、私たちが挑んでいる「不確実性」とは何なのでしょうか。

　この状況を「そうはいっても仕方がない。今までもそうだったのだから」で片付けられるでしょうか。では、今、私たちが日々工夫を凝らし、一歩一歩踏み固めるように手がけている仕事とは何なのか、まるで意味がないことをやっているのか。

　決してそうではないはずです。幸か不幸か、私たちの世代はかつて存在したというこの国の「過去の栄光」について知りません。また、「未来の衰退」が今、目の前にあるわけでもありません。私たちは、過去でも未来でもなく、今を生きています。この「今」を昨日よりもより良いものに、また明日に繋がるものとなるように、持てる力を注いでいく。そうした行為を、過去の栄光と比べて「大したものではない」とおとしめることも、衰退する未来に向かって「意味のないこと」と諦める必要もありません。

　なぜなら、明日という未来が確実にダメになるというならば、今日という今は何をすればよいか、かえってはっきりしてくるからです。昨日という過去からの想定内、延長線を行くのではなく、むしろ**明日がわからなくなるように、今日**

は**不確実性を高める選択を取るようにする**[5]。今日の不確実性を高めれば、過去から引っ張ってきただけの明日に比べて、その筋書きは変わることになる（**図1-1**）[6]。つまり、ここでいう「不確実性を高める」とは、現在の日本の組織にとっての「可能性を高める」ことに他ならないのです。そして、確実に予測ができる未来ほど変えやすいものはないはずです。

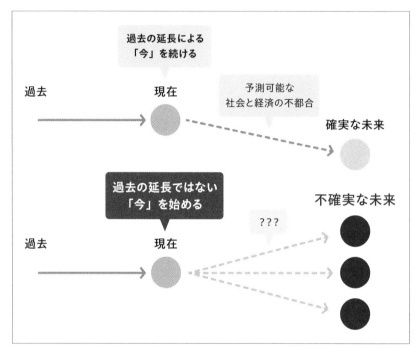

図1-1｜今日の不確実性を高めることで未来も不確実になる

　こう捉えると、今、組織に必要なことも見えてきます。それは、繰り返し過去やってきたことをただ再現することなどではなく、**組織にとって不確実性の高い選択をあえて取り入れていく**ことです。それは、組織のあり方を変えていくことに他なりません。こうした、いわゆる「組織変革」に踏み出すに際して

5　「不確実性」という言葉にネガティブな印象を持っている人もいるかもしれない。不確実性の高さは取り組む仕事を難しくする。一方で、確実な選択ができないということは相応のリスクと引き換えに、まだ手にしたことがない成果を得られる可能性もあるということだ。

6　今日において想定内の選択を続けていっても未来の衰退が不可避であるならば、今日やるべきこととしては昨日とは異なる選択を取るより他ない。昨日とは異なる今日を選ぶならば、その先にある未来もまた変わる可能性があるということ。

価値を持つのが「DX」という言葉なのです。組織の舵取りを変えていくわけですから、経営からミドル、現場に至るまで、組織としてどこへどのように向かっていくのかという方向感を得る必要があります。そのために、組織の中に立てる共通の旗印として用いるのが「DX」という言葉です。「DX（Digital Transformation）」のうちの「Transformation」には**組織が変化することを前提として置く**という意志が込められています。また「DX」の「Digital（を活用する）」というメッセージによって「Transformation」へ向かうための方向性を与えています**7**。この旗印に全員の視線を集めることで、組織的な動きを取れるようにするのが狙いです。

　ですから、この本はDXに関する内容でありながら、DXの実現をゴールとして置くものではありません。不確実な世界へと踏み込むからこそ、得られる新たな価値。この、**顧客やユーザーあるいは社会にとっての「新たな価値とは何か」という問いに向き合う組織が、その探索のために必要な能力を得るべく、変革へと挑むためのジャーニーを描いたもの**です。経営から現場まで、既存事業から新規事業まで、組織の隅々を例外なく活動領域とする旅になります。

　すなわち、「デジタルトランスフォーメーション（DX）・ジャーニー」の本質とは「**越境**」にあります。組織内の部署の間をわたっていく越境であり、仕事の中にある境界（役割や職位、職務など）を越え、さらには自社という境界内だけではなく顧客との新たな共創へと踏み出すための越境でもあります。その中心にあるのは、「**これまで**」という前提・判断から「**これから**」に向けた、**考え方・捉え方への越境**です。

　そのためには現場の人たちが取り組む、仕事の前線における越境だけではなく、組織の経営、マネジメント側の越境も必要です。この本を読み進めていくことは、現場活動と組織経営が一致するための方策を得ていくための旅（**ジャーニー**）そのものです。

7　「Digitalは手段だから"DX"では手段ありきになってしまいかねない」というのは警句として身に刻んでおくべきだが、それを踏まえてなおDigitalそのものへの理解を深めていくことを重視したい。今あえて「組織変革」という言葉を掲げるのは、Digitalによって変革の新たな手がかりを得たからに他ならない。ゆえに、Digitalを手段として軽視し組織的学習を回避しようとするのはナンセンスである。

日本のDX、その出発地点

　さて、ジャーニーに出る前に今日における日本のDX状況を捉えておきましょう。その題材としては、経済産業省が提示している「**DXレポート**」が俯瞰するには格好の内容と言えます。DXレポート（2018年版）**8**は、「2025年の崖」という言葉を広めることになった有名な文書です。「2025年の崖」とは、既存のITシステムの保全が行き届かず、業務停止など様々な問題を引き起こし、経済活動への多大な損失を与える事態を2025年以降迎えることになる、という予測を指します。

　先に述べたようにDXとは、既存の業務のカイゼンにデジタルを活用しようという狭い目的ではなく、社会や顧客に新たな価値を提示するための挑戦的な探索です。既存の業務を従来どおり行えるよう、ITシステムの保全を目的とした「守りの投資**9**」に対して、いまだ存在しない価値を創り出す狙いで「攻めの投資」と言われる領域です。ところが、こうした攻めの活動よりも、守りのための活動に資金も時間も多大に費やさなければならないという実態があります。現代の企業が抱える「IT資産のレガシー」問題です。この問題への対処を誤る、あるいは対処がなされないまま進むと、先の2025年には既存ITシステムの保全すらできなくなると言われているのです。

　IT資産のレガシー問題は、その対処のための体制の維持とコストに関するだけではありません。攻めの投資としていかに新たなサービス提供に乗り出したところで、既存ITシステムが企業のデータ利活用を阻む要因となってしまう課題に直面します。DXに取り組む企業が競合他社やディスラプター**10**に対してアドバンテージとなりうるのが、これまでの顧客との関係性や顧客と共有してきた経験そのものであり、具体的にはデータ資産に他なりません。ところが、顧客やサービス提供に向けて必要なデータを取り出そうにも、既存のITシステムがそうした用途に対応しておらず、適応させようにも相当なコストと期間を要

---

8 https://www.meti.go.jp/shingikai/mono_info_service/digital_transformation/
pdf/20180907_03.pdf

9 企業におけるIT投資の実に80%を占めると言われている。
○企業IT動向調査報告書 2017
https://juas.or.jp/cms/media/2017/02/JUAS_IT2017_original_v1.1.pdf

10 クラウドやAI、IoTなどの各種デジタルテクノロジーを活用することにより、既存の業界や代表企業、またはビジネスモデル自体を破壊するプレイヤーのこと。後発でありながら、先行者が構築した参入障壁を無効化し、新たな秩序を作っていく。

してしまうという状況に立ち往生するということが少なくありません。

　理由として既存システムを改変しようにも、「システム内部の構造に不明なところが多くその影響範囲の調査、特定に多大な時間を要してしまう」「従前より決まっている、既存の施策や取り組みに対応するのに手一杯で、新たな開発に対応できる体制が存在しない」など、レガシー環境に共通する問題が挙げられます。こうした事態もまた珍しいことではなく、多くの組織で必ずといってよいほど見聞きすることです。なぜ、ITシステムはレガシー化するのでしょうか。

　それは、ただ採用している技術が陳腐化してしまうから、という理由だけではありません。たとえ、技術が一般的に古くなってしまったとしても、ITシステムに対する継続的なマネジメントが適用されていれば「透明性**11**」は確保できます。内部構造の具体的な説明を残すだけではなく、「なぜ、そのようにしているのか？」という理由と目的を言語化し、あとから関与する者でもわかるようにしておくこと。こうした**知識の保全**が組織の課題として認識され、運用化できていればシステム自体の透明性を保つことはできます。

　ところが、また厄介な問題が顔を見せることなります。単にシステムに関する知識を保全できていればよいわけではなく、その知識を活用する**体制の保全**が問題となるのです。長期間にわたる体制を維持するためには、「継承」に関する仕組み化が必要となります。この問題はITシステムに関してだけではなく、専門技術を必要とする領域では広く起きていることです。ハードウェアや産業用機器、設備の保守メンテナンスを担う技術者の高齢化によって、業界を問わず人手不足は増す一方です。この問題を抱える企業では「遠隔にいる熟練技術者と現場に臨む若手をデジタルに繋ぎ、リモートによる保守支援を行う」といったことがDXテーマの定番となっています。

　こうした体制の保全は現場だけで対応しきれる課題ではありません。最初の運用体制が構築できれば「あとは現場におまかせ」では、人材の流動とともに徐々にすり減っていく体制を現場だけでは維持することができず、現場は**日常化した消耗戦**を強いられることになります。

11　どういう内容、構造になっているか、またどのような前提や制約を抱えているかを把握するのに多大な時間を費やす必要がない状態のこと。見える化がそうした状態の前提となる。

　ですから、人材流動性に伴う課題は、組織として取り組む必要があります。実にシステムが次の刷新のタイミングを迎えるよりもはるかに速く、技術者のほうが流動していってしまうのです。技術者は自身のキャリアを作っていく上で、獲得できる経験、技術について敏感であり、固定化されることを基本的に避けようとします。構築した直後から技術的な陳腐を始めていくシステム環境と、技術者の志向性は根本的には真逆です。

　ですから、前提として置くのは「体制の固定化」ではなく、「人材は流動する」という事実であり、それを踏まえた事業計画を組み立てておく必要があるのです**12**。たとえば、事業継続計画（BCP）とは、自然災害や大規模な感染症などに起因した事業継続を危ぶむリスクに対応するための備えですが、こうしたプランニングにシステムの「継承」も織り込む必要性を感じます。そのくらい、システムのレガシー問題は現代における致命的とも言える課題に昇華しています。

　実際、2025年を迎えるまでもなく、基幹システムの運用保守を担う体制が時代とともに貧弱化し、もうあと1名2名の人が辞めてしまったら、立ち行かなくなってしまうというギリギリの状況を目にすることがあります。取り返しのつかない、危機の進行は明らかなのですが、経営サイドの感度が欠けている場合、最後のブレーキがどこからも踏まれることもなくあっさりと崩壊へと至りかねません。「ITはよくわからない」という言い訳で現状をそのままとし、事業継続ができないという事実を前にするまで放置するというのでは、あまりにも無策で悲劇的です。

　一方、いにしえより現代に至るまで、事業継承が行われている事例が日本には存在します。20年に一度遷宮を行う伊勢神宮です。20年のタイムボックス**13**で、そのたびに社殿を新しくし、御神体を遷していく式年遷宮。20年と定めているのも、昔の人の寿命の上でも2回は遷宮を経験することができるため、2度目においては遷宮の技術を継承することに重きを置くことができるという一説があるようです。また、移築を終えた直後から人材の確保と技術伝承に取り掛かり、20年周期を守り続けています。システム構築の周期も、10年継続モノ、

---

12 システムの採用技術を固定化することは、それに携わる技術者の技術の固定化であり、体制に支払うコストは技術固定を求める「代償」という見方もできる。長期的に見れば、システム側も技術者側もより良い未来を描くことができない。戦略的な新陳代謝をシステムにも適用する必要がある。

13 ある一定の時間間隔のこと。この間隔を固定化し、繰り返していく。

20年継続モノと、徐々に式年遷宮に近づいてきているようです。

　知識や技術の継承が重要であるという認識は今に始まったことではもちろんなく、かつてはナレッジマネジメントという概念が盛り上がった頃があります**14**。ナレッジの収集と蓄積を促すために具体的なツールの導入などが企業で盛んに行われていたのは2000年代前半頃までのことと記憶しています。当時の管理システムはナレッジの収集、管理のすべてを人力で行う必要があり、現場運用していくには相応の負担がかかっていました。当然現場からの評判は悪く、その結果、十分にナレッジが集まることがなく消えていってしまったと推察しています。

　どう考えても組織においてナレッジマネジメントが機能しなくてよいはずがありませんが、「ナレッジマネジメント」という言葉が現代に至って死語になっているとおり、その仕組みが存在せずとも特に問題とはならなかったのです。その背景には日本の雇用のあり方が影響しています。

　かつて、日本は「終身雇用」が前提となっていました。つまり、人材流動性が極めて低く、転職する人のほうが珍しいという時代があったのです。そうした環境では、組織に人が張り付くわけですから、結果的に人を介して知識も組織に残り続けるわけです。もちろん、特定の人に知識が内在化したままですから暗黙知が多く、仕事も属人的です。しかし、人が組織を離れない限り、仕事と知識が属人化しても大きく困ることはないという次第です。このように考えると「終身雇用」という概念はナレッジ戦略の一種とも捉えることができます。

　ですから、人材流動性の高まりによって、終身雇用の前提が崩れて久しい現代においては、別のナレッジ戦略が当然必要となるのです。2025年の崖問題がクローズアップされているとおり、このあたりの課題認識はまだ十分ではなく、**組織知**をどのようにしてマネージしていくか、その再定義が必要となっています。これまで以上に知識を組織に蓄積すること自体を評価の対象とし、「組織知」を戦略的にマネジメントしていく取り組みが求められています。

　さて、ナレッジマネジメントへの取り組みを見直していく一方で、目の前に

---

14 筆者が企業に就職した2000年代初頭において、すでにナレッジマネジメントのための管理システムの利活用が惰性となり、有名無実化している状況があった。

はすでにレガシー化したIT資産があり、この扱いをいち早く決めて具体的に手を打っていかなければならない現実があります。既存システムのお守りを従前どおりのあり方でそのまま維持すればするほど、状況には進展なく、技術者への求心力を失い続ける一方です。そうなれば、余計に守りを固めていく他ありません。2025年までに予想されるIT人材の引退、既存システムのベンダーサポート終了によるリスクの高まりで、生じうる経済損失は最大12兆円です[15]。既存ITシステムについて、再構築なのか、部分的に切り出していくのか、あるいは廃棄するのか、その方針を定め、手を打ち始めていなければならないというのが、DXレポートが提示された2018年の警句（対処方針）なのです（**図1-2**）。

①頻繁に変更が発生し、ビジネス・モデルの変化に活用すべき機能は、クラウド上で再構築する

②変更されたり、新たに必要な機能は、適宜クラウド上で追加する

③肥大化したシステムの中に不要な機能があれば、廃棄する

④今後、更新があまり発生しないと見込まれる機能は、その範囲を明らかにして、塩漬けにする

(DXレポート[15]より)

図1-2 ｜ 既存ITシステムの対処方針

　この警句から2年が経過し、2020年末に再度示されたのが**DXレポート2**[16]です。2025年の崖問題という十分揺さぶりのある予言があったにもかかわらず、その後のレポートでは調査対象の企業の**実に9割以上がDXにまったく取り組めていないか、部門レベルで散発的な実施に留まっている**という状況にあると示されたのです。

　DXレポート1の内容は、ITシステムのレガシー問題に振り切ってしまったため、「DXとはシステムのレガシー対策である」という短絡的なミスリードを引

---

15 データ損失やシステムダウンなど、システム障害により発生した損失は2014年において約5兆円と言われている。
　　○DXレポート〜 ITシステム「2025年の崖」克服とDXの本格的な展開〜
　　https://www.meti.go.jp/shingikai/mono_info_service/digital_transformation/
　　pdf/20180907_03.pdf

16 https://www.meti.go.jp/press/2020/12/20201228004/20201228004-3.pdf

き起こすことになるのではないかという懸念も感じさせるものでした。ところが実際には、2018年より必要性が訴えられてきたDXへの対応がほぼ進展していないという状況なのです。レガシー化の本質とは、ITシステムが負債化することだけではなく、従来の延長の考え方、方法を問い直すこともなく適用し続けること、つまり**組織文化のレガシー化**にあると言えるのではないでしょうか。

DXとは何なのか

　ジャーニーの出発地点の確認はここまでにしましょう。これから取り組んでいくDXという活動についてより具体的に捉えていくことにします。まずは、あらためて「DXとは何なのか」という問いから始めましょう。「DX」という言葉、概念自体をあまり好意的に受け止めていない人々もいるはずです。この言葉の得体のしれなさは、IT界隈でよく登場する「バズワード」に十分当てはまるところであり、敬遠したくなる雰囲気たっぷりです。

　ただ、ここまでのとおり、日本企業の危機的な状況を突破していくためには、組織としての考え方と指針にあたる「組織文化」を変えることに踏み込んでいく必要があります。そのためには経営から現場まで、組織レベルとしての思考と行動の方向性の一致が不可欠です。こうした一致を生み出すための、共通目標・旗印となりうるのがDXという「機会」であり、そのためにこの言葉を「利用する」というスタンスを持って臨みたいところです。

　DXという言葉が意味するところは、実際のところ何なのでしょうか。その定義が実は存在しています。スウェーデンのエリック・ストルターマン教授が2004年に「ITの浸透が、人々の生活をあらゆる面でより良い方向に変化させる」という概念で生み出したのが始まりとされています。この定義自体は、「ITが社会の利便性をより高めていく」と捉えることができ、現代においては至極当然の内容と言えます。定義はあるものの言葉の利用にあたり、様々な人がそれぞれの意味を持たせた結果多義的になってしまい、DXを得体のしれない言葉に仕立てているという背景があります。

　経済産業省が示したDX推進ガイドライン（2018年）[17]では、DXの定義を以下のように示しています。

17　https://www.meti.go.jp/press/2018/12/20181212004/20181212004-1.pdf

> 企業がビジネス環境の激しい変化に対応し、データとデジタル技術を活用して、顧客や社会のニーズを基に、製品やサービス、ビジネスモデルを変革するとともに業務そのものや、組織、プロセス、企業文化・風土を変革し、競争上の優位性を確立すること。

　この定義は一文で構成されており、読み解きが必要になっています。図解したものが**図1-3**です。

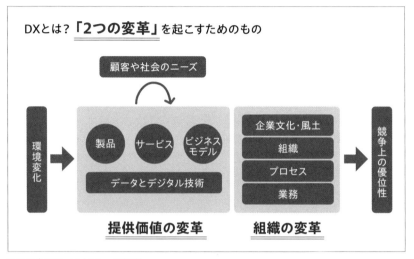

図1-3 | DXにおける2つの変革

　「環境の変化」については、2020年に実に明確な破壊的変化がありました。もちろん、新型コロナウイルスによってもたらされた「コロナ禍」のことです。この感染症によって、人は非対面、非接触を、唐突に強いられるようになり、大きな混乱を迎えました。否応無しに環境の変化に対応せざるをえない、その結果として業務のデジタル化、リモートワークの導入が進んだのは事実です。組織を取り巻く環境の変化とは、こうした「人に甚大な負の影響を与える状況の変化」だけではありません。むしろ、こうした行動変容をきっかけとして、人々の考え方や価値観自体が大きく変わっていく可能性があり、その変化の方向性は予測のつかないところです。ですから、今後とも**「想定できない変化」への適応**が組織には求められることになるわけです。

　すなわち、DXとは単に「今現在の新しい技術を使ってサービスやビジネスを作りましょう」という話ではなく、**変化に適応できる組織を目指し、その内部のあり方の変革を目指すもの**なのです。変化に適応できる組織だからこそ、そ

の時々の状況に適した提供価値を顧客や社会に届けることができます。このように組織の考え方と行動自体を変えていくことがDXの本来の定義に織り込まれているのです。

さらに、DXを段階的に捉える考え方があります。段階は、デジタイゼーション、デジタライゼーション、デジタルトランスフォーメーションの3つです[18]（**図1-4**）。

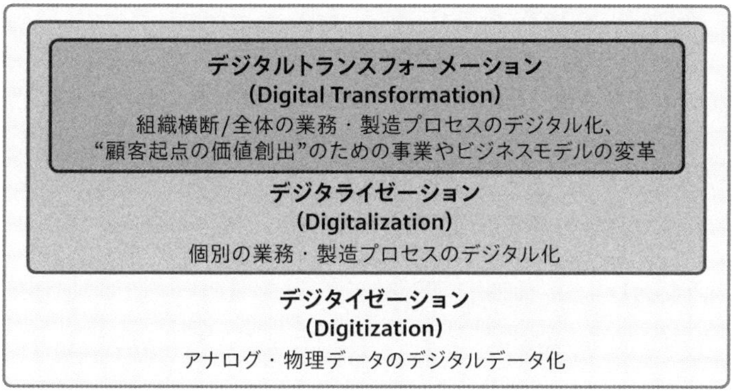

```
デジタルトランスフォーメーション
(Digital Transformation)
組織横断/全体の業務・製造プロセスのデジタル化、
"顧客起点の価値創出"のための事業やビジネスモデルの変革

デジタライゼーション
(Digitalization)
個別の業務・製造プロセスのデジタル化

デジタイゼーション
(Digitization)
アナログ・物理データのデジタルデータ化
```

出典：DXレポート2(本文)、p.34、図5-8 DXの構造
https://www.meti.go.jp/press/2020/12/20201228004/20201228004-2.pdf

図1-4 ｜ 3つのデジタル化

第1段階のデジタイゼーションとは、紙文書をはじめとしたアナログ、物理的な媒体をデジタルに置き換えるものです。何らかのツール・製品を導入して、紙のやりとりをなくすことで、大きな効率化が期待できるところです。

さらに進んで、第2段階のデジタライゼーションは、個別業務、プロセスのデジタル化にあたります。人力で行っていた業務を自動化するなど、デジタライゼーションもまた劇的な効率化をもたらす可能性があります。ただし、第1段階も第2段階も、先に述べた「提供価値の変革」までは及ばず、企業内のカイゼンに留まる状況と言えます。この段階までを指して、「DXを実践している」と胸を張るのはまだ早いというわけです。

---

18 このあたりの定義も解釈者によってブレが出るところである。デジタライゼーションに、ビジネスモデル変革、価値創出の意味を持たせる場合もある。本書では、DXレポート2での定義を用いることとする。

　第3段階に至って、本丸である「顧客に向けた新たな価値創造のための事業、ビジネスモデル変革」にたどり着きます。顧客にとっての新たな価値とは、これまでにはなかった新たな体験です。それは人力では到底できなかった個々の顧客に向けたパーソナライズされたサービス提供かもしれませんし、顧客のあらゆる行動データを総合して顧客の潜在的なニーズを満たすためのリコメンドになるかもしれません。そうした顧客体験を創り出すために、その礎となる第1段階、第2段階をいち早く進めることが期待されます。

DX1周目の敗北

　さて、ここまでの話で官と民のかみ合わせもよく、DXに向けて一丸となって突き進んでいく姿が想像できるかもしれません。ところが、現実に組織を渡り歩いて垣間見えてくる様子は、そうした理想像からは遠い光景です。私が数十社の企業との関与から得たのは「日本のDX1周目（最初の周回）[19]はすでに負けている」という感覚でした。

　実はDXレポート2[20]が提示する「DXはまったく進んでいない」という説を疑ってしまうくらい、多くの企業で関心が高まっており、それぞれの取り組みが始まっていると前線では感じていました。DXに関する指針、それは厚みのある計画書からアイデアレベルの内容まで濃淡はあるものの、各企業にはDXの名の下で思い描いている「絵[21]」があります。

　しかし、同時に文字通り、DXの「絵」はあるものの「実行」に移せていない、実行に移したところプロジェクトが火を噴いてしまう、という散々な状況が目に入ってくるのです。イメージ、戦略としては実に格好がよくても、肝心の実行についてはどういう体制で、どのような作戦で、いつどうなれば進めていけるのかが見えてこない。まさに、寓話一休さんに出てくる**「屏風のトラ」**のようなDXです。こうした事態が起きてしまうのは、やはりDXというワードが持

---

19 1周目は、DXへの最初の取り組みであり、多くの企業で「どこから始めるべきか」「どこに注力するべきか」「どう進めるか」など試行錯誤の周回となっている。やがて、取り組みが一巡し、2周目が始まる。そのとき、それまでの活動から学びが取り出せるかどうかが問われる。

20 https://www.meti.go.jp/press/2020/12/20201228004/20201228004-2.pdf

21 多くの場合プレゼンテーションツールで描かれたコンセプチュアルな資料。DXに関する業界等の概況や企業としての方針が描かれており、時間軸的なプランとしてロードマップも記載されている。頁数と紙面は濃密だが、どう実行していくかがない、あるいは弱い場合が多い。

つ得体の知れなさが影響していると考えられます。「DXに対応した戦略」を創り出すために外部の支援者に丸投げしたり、世の中に転がっている「事例」を表面的になぞって生み出された「絵」は、組織の当事者が実行の算段を描けるようなものではなく、ゆえに実行できずに足踏みをしている。あるいは、実行に踏み切ったとしてもやはり十分な備え（具体的な作戦や体制）がなく、またはそもそも達成したいことがあいまいで、プロジェクトが破綻するという事態を迎えてしまうわけです。

　一方、「絵」すらも描けていない場合もあります。DXの戦略がないということは、組織変革に向けた具体的な算段、取り掛かりがないということです。もちろん、何も始まることはありません。そうした状況でも「DXなんてバズワードだから」「デジタルは手段だから、それに引っ張られたくない」と、せっかくの変革の機会をふいにしてしまっている発言を聞くこともあります。

　DXという言葉に振り回されてはいけませんが、この章で示したとおり、組織変革の旗印、組織内の共通認識を作るために利用する「機会」として認識するべきです。経営側からの現場を考えない一方的な打ち出しでもなく、現場での現場よがりなだけの活動でもなく、「組織が変わらなければこの先がない」という認識を経営と現場で揃えられる絶好のチャンスなのです。

　だからこそ、「絵」は**自分たちで描く必要がある**のです。組織の外から見られても大丈夫なように、クールで綺麗な「絵」である必要はありません。そんなことよりも自分たちで見出した「次に向かう方向性」にあった組織の判断と現場活動を積み重ねていく。この組織判断と現場活動の一致を創り出せるかどうかがDXの成否を左右する最大の要因と見ています。

　「絵」を描くのも、その絵を現実にしていくのも、難しい仕事だからといって外部に丸投げするようなものではありません。組織の変革そのものなのですから難しいのは当然です。それゆえに、**DXとは段階的に組織をトランスフォームしていくジャーニーとなる**のです。一気に派手な成果が得られるわけではありません。むしろ、その過程は実験を繰り返し、数々の試みから着実に学びを重ねていくための旅です。

　この旅は、誰にとっての旅なのでしょうか。DXは経営の課題であると言われることがあります。確かに経営不在のDXはありえないでしょう。ですが、現

実の変化を創り出していくのは仕事の現場、組織の前線です。だからこそ、経営と現場の方向性の一致が前提で、前者が欠ければ組織全体の活動にはならず、後者が欠ければ屏風にトラを描くことしかできないのです。DXとは、どこか遠くの先進的な組織がやるもの、あるいは組織の上層部だけで考えるもの、現場に丸投げしていれば勝手に進むもの、いずれでもありません。

　では、どのようにして組織の一致を育みながら進めていくのか。次の章から旅に向けた一歩を踏み出すことにしましょう。

DIGITAL
TRANSFORMATION

第**2**章　デジタルトランスフォーメーション・
　　　　ジャーニーを描く

JOURNEY

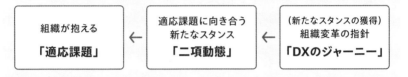

第2章
デジタルトランスフォーメーション・ジャーニーを描く

DXで直面する課題と向き合い方（DXという名の組織変革に挑む旅）

組織が抱える **「適応課題」**	←	適応課題に向き合う 新たなスタンス **「二項動態」**	←	（新たなスタンスの獲得） 組織変革の指針 **「DXのジャーニー」**

DXに立ちふさがる「適応課題」

　DX（デジタルトランスフォーメーション）の旅を始めるにあたっては、必ずと言ってよいほど立ちふさがる障壁について認識しておく必要があります。それは新しい取り組みには必ず伴う、「これまで」のあり方と「これから」目指す方向性との間での衝突です。

　DXとは組織変革であると説明しました。より具体的な取り組みとしては、顧客や社会にとっての新たな価値を創出する事業の開発やプロダクト作りであり、そうした取り組みに必要なケイパビリティ（能力、強み）の獲得が挙げられます。必要なケイパビリティが揃うまで事業開発やプロダクト作りが始められないとしたら、実際の取り組み開始が何年も先になってしまいます。現実にはケイパビリティの獲得（DXの実現手段）と、新たな価値創出の活動（DXの具体的な施策）は重なりを持って、繰り返し取り組むことになります。こうした取り組みがこれまでのあり方と正面から、もしくは密かに水面下で「衝突」を起こすわけです。

　新しいケイパビリティの獲得は、DXの出発地点の状態によってはパラダイムシフトに近い挑戦と言えます。部分的な補強で済むようなものではなく、いわばケイパビリティをバージョン1.0から2.0へとアップデートするようなレベル感です。どのような変化が必要となるのか、1.0と2.0の二項の比較でイメージをつかんでみましょう（**表2-1**）。

表2-1 | バージョン1.0と2.0の二項の比較

	これまでの1.0	これからの2.0	アップデート対象
プロセス	ウォーターフォール	アジャイル	「あらかじめ立案した全体計画に基づき逐次型で進めるあり方」から、「反復による漸進的な進め方で状況適応するあり方」へ
仕事の進め方	PDCA	OODA	「計画〜実行〜評価〜改善」から、「観察〜適応〜意思決定〜行動」へ
システム環境	オンプレミス	クラウド	「自社保有環境やデータセンター配備」から、「クラウドサービスの利用」へ
マネジメント	計画駆動	仮説検証駆動	「綿密な計画をまず立てて、その計画通りに活動を始める」から、「仮説立て検証してからその学びに基づき行動を取る」へ
提供価値	製品 (製品としての品質)	サービス (顧客体験としての質)	「製品の安定的な品質を企業活動の中心と置き、製品製造・販売」から、「良質な顧客体験の実現を企業活動の中心と置く、サービス提供」へ
ITの役割	IT=コスト、安定×高品質、外注で調達	IT=価値提供の源泉、適応×俊敏性、内製で創出	「ITはコストであり、安定と高品質を命題と置き、その解決を外注調達でまかなう」から、「ITは価値提供のための源であり、適応と俊敏性を命題と置き、その解決を内製によって促進する」へ
組織が目指すこととそのためのすべ	漸進的カイゼン、深化	不連続のイノベーション、探索	「すでに確立した事業のカイゼン・深化を最優先とする」から、「新たな価値創出のための探索に組織の存続をかけて取り組む」へ

まだまだ、こうした二項を対立的に挙げていくことができそうです。これらのアップデートに必要なケイパビリティの獲得は、DXを進めていく上での前提にあたります。このための採用や教育、外部とのパートナーシップなど、その取り組みは急務である一方、遅々として進んでいない現状への危機感から組織内の多くの人々が方向性について賛同することでしょう。

しかし、実際にこれらのシフトを進めていこうとすると、大きな反発を各所で招くことになります。なぜなら、**単なるやり方のアップデートに留まらず、考え方や意思決定の基準までの塗り替えを求めることになる**からです。プロジェクトの運営1つとってみても、何が正しくて何が間違っているのか、といった判断の拠り所を揺るがすことになります。これまでの事業を支えてきた価値判断を手放さなければならない、それは今後の展開について予想を立てることができない不安と恐れをもたらす行為です。しかも、これまでの方法（1.0）でも目の前ではまだ結果を出せているわけです。なおさら、アップデートへの反発は力強くなります。こうした積極的な反発や消極的な忌避感は、表立ってあるいは水面下で「**分断**」という姿で現れてくるようになります。

この分断は既存の事業が結果を出せているほど、より深まりを伴います。効率性を高めていけば結果が出るようなビジネスモデルが確立した事業では徹底した分担が進んでいるものです。こうした組織内の分担が、そのままに分断へと繋がるわけです。分担の深化によって、サイロ化（孤立化）が進んだ組織では部署を越えたコミュニケーションを取ることがままならなくなります。

組織内における立ち位置の分断がもたらす、変化への抵抗。これが、ケイパビリティ不足というテクニカルな問題以上に厄介で変革を押し留める力となる「**適応課題[1]**」と呼ばれるものです。

適応課題とは、単に知識や技術の有無ではなく、自分自身のものの見方や周囲との関係自体を見直さなければ解決できない問題のことを指します。適応課題は個々人が置かれている立ち位置の影響を強く受けます。職能・役割や、職位（経営と現場）の違いによる焦点の食い違いや、仕事のミッションの違い、た

1　適応課題については、以下の書籍で詳しく扱われている。
　　○『他者と働く　「わかりあえなさ」から始める組織論』宇田川 元一　著
　　（NewsPicksパブリッシング、2019）、ISBN 978-4-910063-01-0

とえば既存事業部署と新規事業部署でも大きく立ち位置が異なります。

　ここで着目するべきなのは、適応課題に向き合う上で絶対的な正解があるわけではないということです。「これまで」側と「これから」側のどちらかのものの見方が間違っていて、どちらかを正さなければならないといった単純な問題ではありません。「これまで」の姿とは、既存の事業でより結果を出すために選択してきた最適化なのです。「これまで」の文脈では、正しい進化と言えるわけです。

　たとえば、近年とかく槍玉に挙がりがちなPDCAという考え方は、本当に役に立たないものになってしまったのでしょうか。PDCAは、確実な物事の遂行、やりきる力の基礎となる方法です。物事をある範囲の中で、やりきる力というのは状況を進展させていく上で必要不可欠です。たとえ新しい事業やプロダクト作りのような、あらかじめの正解が描けない活動下でも、必要なタスクの遂行がままならないようでは試行錯誤自体が進まず、思うように学びが得られません。ですから「PDCAなんてもう古くなったのだから、ゴミ箱に捨てよ」という極端な話にはならないのです。

　組織のアップデートとは、「これまで」を支えてきた考え方や方法を頭ごなしに否定するための方便ではありません。「これから」側が「これまで」について、またもちろんその逆も同じく、そもそものものの見方や評価、判断基準が異なるのだという前提について理解していくこと。そうでなければ、歩み寄りは一向に得られず、状況が前に進むことはないでしょう。

「出島戦略」でハレーションを回避する

　そう、必要な評価基準が異なるのです。たとえば、**両利きの経営**という考え方では、組織のケイパビリティには「深化」と「探索」があり、これらを一緒くたに混ぜて評価判断を行うのではなく、適切に分けることを提示しています（**図2-1**）。

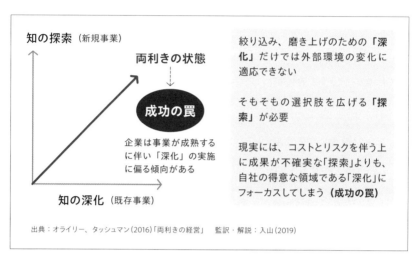

出典：オライリー、タッシュマン（2016）「両利きの経営」　監訳・解説：入山（2019）

図2-1 │ 両利きの経営

　既存事業と新規事業ではそもそも必要となるケイパビリティが異なり、ケイパビリティが異なるならば評価の基準や方法を変える必要がある、ゆえに組織自体を分けるべきだという考えです。この考えに基づいて取られるのが「**出島**」**戦略**です。出島とは、外国との接点を物理的に絞った江戸幕府の鎖国戦略に由来します。長崎の出島のように、本体の組織から一部組織の切り出しを行い、そこで新しい取り組みを推進するというわけです。組織の中に別の組織を作るイメージと言えます。

　こうして物理的に環境を分けることで、新規事業には必要だが既存事業では評価の対象とならない**探索活動**（仮説検証や実験、試行錯誤）を促すのが狙いです。1つの部署単位か、あるいはもっと小さくチームの単位か、別会社を立てるということもあります。これは、組織を別にまでしなければ機能しないほど、深化と探索は異なるものだということです。別の表現で言えば、伝統的な大企業の中にスタートアップを作るようなものなのです。判断と行動に制限が多い状況下では、高速な探索活動を強みとするスタートアップの持ち味が活きません。ですから、組織の中で適切に生息する場所を分ける出島戦略になるわけです。

　出島戦略は既存事業への影響を避けられることから、始めやすさに利点があります。しかし、一方で大きな課題もあります。それは変革の最終的な適用先は「**本土**」（既存組織）であり、やがて新規と既存の間での適応課題に否応無し

に直面するということです。挙げられる成果が組織の一部分でしかない「出島」にのみ限られるようでは「組織を変える」には程遠いところにあります。出島を取り組みの端緒としつつ、最終的には本土に相当する範囲、規模に影響を与えられるかが本来の期待です。

　出島戦略は根本的に「分断」の組織パターンです。適切に分けることで、ムダなハレーションを防ぎ、組織活動のアジリティを落とさないようにするのが狙いです。しかし、それゆえに出島をただ残し続けるだけでは分断を越えた影響をもたらすことができません。意図的に本土と出島の間で交流を仕組む必要があります。この組織間における「越境」が組織変革上のクライマックスと言えます。ここについては第8章で詳細を扱います。

　さて、ここまでのとおり、これまで組織で扱ってこなかった新しい取り組みやケイパビリティは二項対立を誘発しやすく、「これまで」と「これから」の二者の間で生まれる分断が容易ならざる組織課題となるということが見えてきます。分断は本書における最大のテーマです。ただし、真新しい課題というわけではありません。組織上の分断を乗り越えていくために、数多くの考えや方法論が世の中には存在します。しかし、それに比して、分断の解消に大きな効果を発揮したという結果が得られているわけでもありません。分断が厄介な問題となるのは、単に方法を変えたり、道具を導入したりすれば済むわけではなく（それらで解決できるのは技術課題です）、先に触れたようにものの見方自体を変える必要があるという、適応課題にあたるためです。そう、変える必要があるものの見方には変革を促すはずの「**アップデート**」も挙げられます。

アップデート（更新）からアライアンス（提携）へ

　アップデートという概念には、「更新される側」が自明として存在します。方針や方法の一方的なアップデートは、これまで拠り所としてきたものの否定に繋がりかねず、相応の反発を生み出す要因になります。反発は、わかりやすく顕在化する形もあれば、人知れず潜在的に進行するものもあります。後者は暗黙的な変化だけに気づきにくく、余計に事態を難しくさせることになります。確かに、アップデートという標語は変化を促すにはわかりやすく（本書でも先ほどこの言葉を用いて説明したばかりです）、気持ちを駆り立てる力があります。その一方で、かえって反発や警戒を生みやすく、結果的に変革の足を引っ張る存在になりかねません。

　このようにモノの見方をある一方向からだけではなく、別の方向からあるいは反対の方角から見るようにすると、異なる風景を得ることができます。1.0、2.0という二項の区分けは、物事をわかりやすく表現できるようになりますが、その実は分断を深めていき、どちらか一方の姿がなくなるまで、対立が続きかねません。成果が上がらないどころか疲弊してしまう過程に嫌気がさして、中途半端なままで終わり、取り組みがなかったことになったりもします。

　この見方に至ると、1.0から2.0へとアップデートするのではなく、「これまで」と「これから」をそれぞれ存在するべきものとして扱い、両者を対立ではなく**繋いでいく**必要性が見えてきます。どちらか一方をやっつける、滅ぼす相手、敵として見るのではなく、手を組む相手、味方として見る。つまり、一方からのアップデートではなく、双方の得意とする領域がより発展するように提携する、**アライアンス**（**提携**）という考え方です。

　アライアンスといえば、企業同士が手を組み、相乗効果が生まれるよう相互協力しながら活動していく関係が思い浮かびます。この関係を、他社と自社の間ではなくて、既存と新規の事業、部署の間で意識するわけです。こうしたアライアンスアプローチは、大企業における組織間での取り組みを機能させるためにおのずと採用している人も少なくないはずです。他の部署に何かの要請を不用意に持ちかけて、強い反発を受けてしまったという経験がある人ほど、同一組織内であっても丁寧に働きかける動きを取っているはずです。

　自部署、自チームの主張を一方的に押し込むのではなく、むしろ働きかけを行う相手側の部署、チームの立ち位置に立ってみる。そこから自分たちが要請、交渉する内容が妥当なものなのかを評価し、どうすれば相手側にとっても有益で、意味のある取り組みとなるか、提案内容を講じる。こうして視点の置き場所を自在に動かしながら、両者にとって納得のできる、一方的な不利益を蒙らない状況を作り出していくのがアライアンスの考え方です。

　ここで課題となるのは、こうしたアライアンスアプローチを個人芸に頼るのではなく、両者間での協働を促していく「仕組み」作りです。「協働」を精神論ではなく仕組みで実現するのが「分断を乗り越えるすべを組織に宿す」という

本書の芯にあたるテーマです**2**。次章以降、最後の第9章まで含めて、協働の仕組み作りを解き明かしていきます。

「二項対立」から「二項動態」へ

このように二項対立ではなく、異なる二者の双方が活きるように捉える考え方を「**二項動態3**」と呼びます（**図2-2**）。

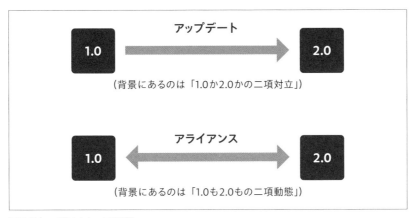

図2-2 │ 二項対立と二項動態

二項動態という言葉にはダイナミズムがあります。二項の間を均衡させることが狙いにあるのではなく、置かれている状況に応じて1.0の路線を着実に取ることも、2.0の動きを強めることもある、という強弱をつけるイメージです。

たとえば出島において「新規性の高い取り組みを行う組織ゆえに、開発は常にアジャイル開発の適用を前提とする」というのは、二項対立の罠にはまっていると言えます。もっと解像度を高めて対象となるプロダクトや状況、制約を捉えなければ期待するような結果は、一向に得られないでしょう。開発するプロダクトや事業が相手にする制約によっては取り返しのつかない一発アウトの

---

2 当然ながら、1.0や「これまで」側の概念、方法がやがてその役割を終えて、姿を消す可能性はある。オンプレからクラウドへの完全移行、あるいは製品提供からサービス・体験の提供へのシフト。アップデートによる矯正的な変化ではなく、おのずとによる段階的発展・解消と言える。そうした技術、事業、組織の新陳代謝を適切に促していくための取り組みがDXに他ならない。
3 「二項動態」は、野中郁次郎氏によって提示されている概念である。

ノックダウン性**4**が伴う場合があり、後々の修整が利かず、本当にただの手戻りになってしまうことがあります。ですから、対象案件によっては取り組み内容を精査するフェーズゲートを置いて、制約を正しくクリアできているのか検証を行う必要もあるわけです。「まずはやってみる」が通じない状況もあるということです。こうした背景や制約を無視して、ひとまとめに「新規だからアジャイル」と扱っている間は上手くいきません。

また、プロダクト作りを探索的に行うといっても、状況の解像度を上げて捉えると、探索中心の局面とアウトプットを作り切ることを重視する局面があります。まずもってプロダクト作りの最初に取り組むべきは、「作るべきものは何か」という問いに答えられるようになることです。この方向性を得るまでは想定する顧客やその課題についての仮説を立て、検証活動を進めていきます。この間は試行錯誤の探索を大いに行うことになりますが、検証を終えた後は利用可能なプロダクトを形作ることにいったんシフトします。

机上の仮説検証をただ繰り返すだけでは、本当に利用者にとって価値が感じられるものなのかがわかりません。プロダクトを実際に利用してその評価ができるように、形作りに注力する段階が必要となるのです。この段階に至っても、もちろん「何を作るべきなのか」という問いには向き合い続けることになりますが、より必要となるのはプロダクトの構想を確実にアウトプットへと落とし込んでいける開発です。

ただし、それも市場にプロダクトが投入される前段階までのことです。利用者にプロダクトが渡っていく段階に至っては再び、機動的な意思決定と行動が求められるようになる。こうした振れ幅の大きい活動が可能な状態が「**ダイナミズム**」のイメージです（**図2-3**）。

---

4 見落としがあると、調整の余地なく手戻りが必要な制約。たとえば法令遵守など。

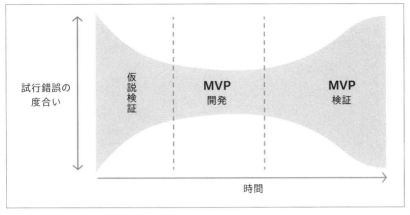

図2-3 ダイナミズムのイメージ

　ここまでアライアンス、二項動態がDXを進めていくにあたって重要な概念となることを示してきました。単純に何かを置き換えるのではなく、これまでのあり方を残しながらも不必要な対立を回避し、さらに発展的な状況を作り出していくというのはかなり難易度が高いと言えます。いきなり、アライアンスを掲げたところでそもそも実践に叶うケイパビリティが備わっていなければ、絵に描いた餅で協力関係を始めることも叶いません。二項動態へと向かうためには、「**段階的発展**」（Stepwise）の考え方を踏まえる必要があります。

DXを段階的発展で構想する「デジタルトランスフォーメーション・ジャーニー」

　一足飛びに理想の状態、結果を出せるまでにはたどり着かないからこそ、段階をイメージする、至極自然な選択と言えますが、具体的にどのように段階を描くべきでしょうか。「ムリのないスケジュールを引く」ということと何が違うのでしょうか。

　そもそも構想を練るにあたっての出発地点が違います。段階的発展の構想を描くために、まず到達したい目的地[5]を捉える必要があります。**到達したい状**

5　「到達したい目的地」をどこに置くのか。これを組織として考えていくための取り掛かりが後述する「デジタルトランスフォーメーション・ジャーニー」であり、より具体的に講じていくために第4章で扱う「ゴールデンサークル」を描く。

態からの逆向きで、段階的な状態を時間軸的に手前へとプロットしていく（バックキャスティング）。もちろん、理想ありきで描くわけですから、現実的に可能なのかどうか今度は**現在地点からの順向き**で、各段階の状態を想像する必要があります（**図2-4**）。

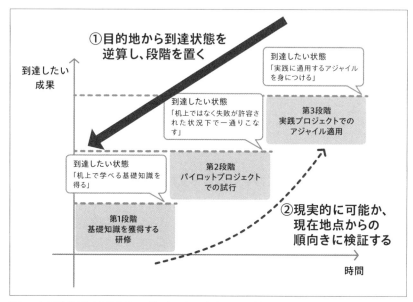

①目的地から到達状態を
逆算し、段階を置く

到達したい
成果

到達したい状態
「実践に通用するアジャイルを身につける」

到達したい状態
「机上ではなく失敗が許容された状況下で一通りこなす」

第3段階
実践プロジェクトでの
アジャイル適用

到達したい状態
「机上で学べる基礎知識を得る」

第2段階
パイロットプロジェクト
での試行

②現実的に可能か、
現在地点からの
順向きに検証する

第1段階
基礎知識を獲得する
研修

時間

図2-4 ｜ 段階的発展を構想する（探索のケイパビリティを獲得する際の段階例）

　十分な成果（変化量）に達するために、しかし、絵に描いた餅とならないように各段階に至るために必要な期間を取るようにします。段階の設計上は、到達したい状態に対してどのくらいの時間を費やすのかという「**変化の傾き**」に注意する必要があります（**図2-5**）。

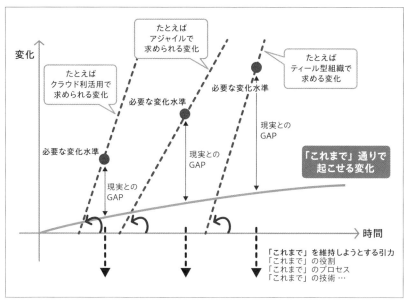

図2-5 変化の傾きのイメージ

　たとえば、これからアジャイルに取り組んでいくときに、常に詳細なスケジュールをメンテナンスしながら進捗確認を細やかに行っていくという従来のマイクロマネジメントのスタンスのままでは、到底アジャイルの実践にまで到達しその成果を感じることはないでしょう。新たな取り組みやケイパビリティの獲得には、相応の変化が求められるのです[6]。おのずと焦点はどのくらいの時間をその変化のために投じるのかということになります（**図2-6**）。取り組みにあてる期間が短いと、要は「短期間で大きな変化を求める」こととなり、取り組みを困難にします。

6　ここで言う「変化」は「成長」とほぼ同義と捉えることができる。求められる変化を果たしていくということは成長に他ならない。

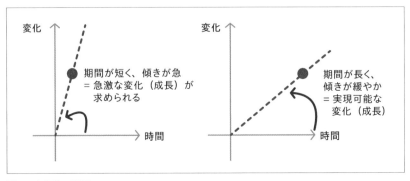

図2-6 傾きの問題

　問題となるのは、この「変化に必要とする期間」の見立てです。一体どれくらいの期間で段階を置くとよいのでしょうか。答えは「わからない」です。プロダクト作りにせよ、ケイパビリティの獲得にせよ、新規性の高い取り組みで**見積もりができないからこそ、探索的な活動が必要**だったわけです。

　そう考えると、できることは**「間違った判断をそのままに、かたくなに遂行していく」**ような進め方ではなく、**「状況に応じた意思決定ができるよう、その機会を折り込み、実践とその結果からの学習でプランニングに変更をフィードバックする」**という機動的な進め方ということになります。つまり、段階の設計で行うのは、**「意思決定と行動の変更可能点」**を設けることなのです[7]（**図2-7**）。

7　誤った状況判断のまま突き進み続けるのではなく、前進することで次第に明らかになってくる状況理解に基づき、その後の判断と行動を変えられるように観測のポイントをあらかじめ置いておくということ。

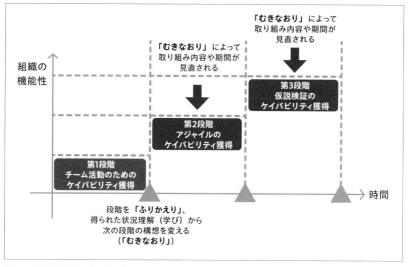

図2-7 │ 意思決定と行動の変更可能点を設ける

　こうして段階の全容を可視化した上で、各段階の終了と開始の地点を、段階の変更可能点として、段階自体の「**ふりかえり**[8]」と「**むきなおり**[9]」を実施するのです（**図2-8**）。ふりかえりとむきなおりについてどのように実施していくかは、目的と局面によって異なるところがあり、第2部以降で適宜具体的に説明していきます。

8　ふりかえりとは、ある一定期間でそれまでの活動を棚卸しして、継続すべき工夫や解決するべき問題を捉え、そのカイゼンを講じるのを含めて次に向けて取り組むこと決める活動のこと。

9　むきなおりとは、目指すべきゴールや実現したい目的を捉え直し、あらためてその到達のために必要なことを洗い出した上で、現在取り組んでいることを見直す活動のこと。

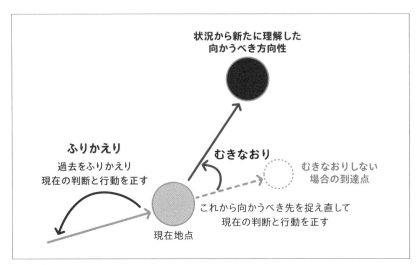

図2-8 | ふりかえりとむきなおり

　各段階には、それぞれ目指したい地点、目標があります。同じような段階が続くことは目標設定の上ではありません。各段階で何を獲得したいのか、狙いをつけて取り組みます。段階の設計は、各段階を遂行する過程とその結果を鑑み、組み換えを行いながら進めるため、一度置いたら、かたくなに守り通すことが目的となる固定的な計画とはまったく異なります。段階の設計で捉える各段階のことを「**ジャーニー**」と呼称します。

　ジャーニーは、アジャイル開発のスクラムにおける「**スプリント10**」の概念と似ています。スプリントとは、ある一定の長さで固定された期間のことです（ソフトウェア開発では1週間から2週間として定義することが多い）。スクラムでは、このスプリントを反復させて仕事を進めていくことになります。段階の設計におけるジャーニーと近しい概念と言えます。

　1つのジャーニーの中で、複数のスプリントの運用がある、という構造化をイメージしましょう（**図2-9**）。

---

10 スクラム以外では、イテレーションとも言う。いずれも「タイムボックス」の概念を表現したものである。

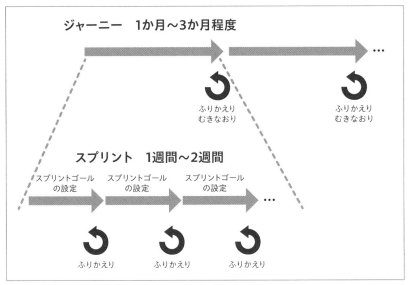

図2-9 | ジャーニーとスプリントの関係

　さて、ジャーニーの概念を用いて、具体的なDXの構想を描いていきましょう。まずもって、どの組織にも通用する詳細な段階の設計というものはありません。組織が置かれている環境・業界の状況、目指したい成果と取り組みの方向性、これまでの強みや技術的歴史的な負債など、DXの構想を一様に捉えるには変数が多すぎます。何よりも組織の多様性を高めるのは、組織の中にいる人々そのものです。最も思い通りにならないのが、人々の集合体としての組織そのものです。組織の中で共通の認識を生み出し、ある方向に向かって概ねの合意を得て進めていく、そうした組織の意志自体を揃えること自体に最大級の難易度があります。組織の方向性自体を整えていくこともまた段階の設計で捉える範疇であり、段階の置き方としての必勝法の類いなどありません。

　具体的なDXのジャーニーは、自組織で描く必要があります。ただ、まったく取り掛かりがなければ、段階を描こうにも雲をつかむようなものです。ここで、アウトラインとして4つの概要レベルの段階パターンを例示しておきます（**図2-10**）。

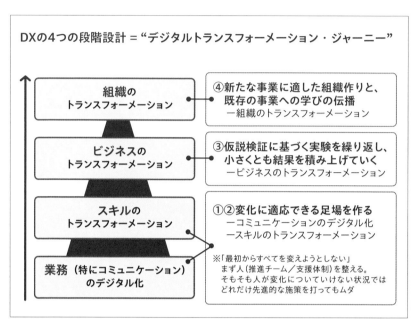

図2-10｜デジタルトランスフォーメーション・ジャーニーの4つの段階

　この段階のうち、中核にあたるのは、3つ目の段階「ビジネスのトランスフォーメーション」です。新しい顧客体験の再定義と価値の創出、これがDXによる目的であることを思い出すと、それを実現するためのビジネスの実装は不可欠です。新たな事業の立ち上げや顧客への提供価値を高めるプロダクト作りはDXにおける焦点であり、最も大きなテーマとなります。

　ビジネスのトランスフォーメーションを中心として逆算して考えていくと、その前段階に必要なのは、2つ目の段階「スキルのトランスフォーメーション」になります。この段階では事業やプロダクト作りに必要な探索のケイパビリティの獲得を目指します。プロダクト作りを行うわけですから当然、ソフトウェアを作り出す能力の獲得は取り組むべき対象となりますが、単に「開発できる準備をしましょう」では不足があります。実際には、**構想する能力**と、それを**実現する能力**が両輪となります。必要不可欠なのは、前者が仮説検証であり、後者がアジャイル開発です。どちらか一方ではなく、両者のケイパビリティがビジネスのトランスフォーメーションで必要になります。

　また、さらにさかのぼると、1つ目の段階「業務のデジタル化」が挙げられま

す。業務のデジタル化は、いわゆる狭義のDXであるデジタイゼーション、デジタライゼーションの範疇にあたります。なぜ、業務のデジタル化が最初に必要なのか。2つの理由があります。それは、その後のトランスフォーメーションを進めるにあたっての、**基本的な環境作りのため**というのが1つ。もう1つが、**新たな取り組みを進めるための余剰を生み出すため**です。「非効率な業務を抱えたまま、新たなケイパビリティを並行して進めていきましょう」というのは、現場に大きな負荷がかかることになります。DXが長いジャーニーになることを考えると、持続的ではない方針、活動は結果に繋がりません。

　もちろん、先に述べた出島戦略を取るなど、DXをいったん本土と切り離して始められるならば、必ずしも業務のデジタル化の段階を踏まなければならないわけではありません。ただ、新規に立ち上げる事業の内容はモダンで、キャッチーに映るものだったとしても、その内情は「非効率、非デジタルな環境で、気合いで乗り越えています」ではまず成り立ちません。業務のデジタル化も前提となります。

　最後に、4つ目の段階「組織のトランスフォーメーション」に目を向けましょう。組織のトランスフォーメーションは、それまでの学び、ケイパビリティ展開を出島から本土へ伝播させる段階です。出島の活動はあくまで実験的な取り組みです。プロダクト作り、事業立ち上げまで行おうとして、期待通りにはいかずクローズするということを繰り返していきます。そうした実験の中でものになる活動が生まれ、「**自分たちは何者で、どのような価値提供を行っていくのか**」という組織自体の再定義も進むのです。この再定義自体も何度も何度も繰り返すことになるでしょう。むしろ、そうでなければ探索をしていることにもなりません。おそらく、最初期に描いた理想の「絵」に現実を近づけるための活動でしかなく、**行為から学ぶ**ことを織り込んだ探索とは言えません。

　4つの段階の最初に組織のトランスフォーメーションが位置していない理由もそこにあります。組織のビジョン、ミッションといった方向性の定義は必要です。そうした方向感がなければ、組織が大きくなるほど、どこへ向かってどのくらいの注力で進んでいけばよいかわかりません。ですが、いくら組織のあり方を決めること、いわゆる組織文化を表面的に作ることに多大なる時間を費やしたところで、現実がついてこなければ頭の体操にしかなりません。どれほど立派なビジョンやミッションを掲げ、それについて組織の中を染め上げることに注力したところで、それを受け取る組織メンバーからすれば目の前の日常が

一切変わっていない状況下では、高めた意識を活用することもままなりません。

　ですから、新たな組織の方向性の言語化は行うものの、その啓蒙活動への注力をジャーニーの出発とするのではなく、さっそく業務や事業のDXに舵を切っていくべきなのです。業務や事業のDXを繰り返し進めた後に、ようやく地に足のついた組織の新たな姿が見えてくるのです。そのときが、思い描く理想と目の前の日常が一致するときです。

　このように4つの段階をイメージすることができますが、これは業務のデジタル化からスキルのトランスフォーメーション、スキルのトランスフォーメーションからビジネスのトランスフォーメーションへと直線的に進んでいくことを意味しているわけではありません。最初の業務のデジタル化を完遂しきるのに、一体どれだけの時間を要するでしょう。スキルのトランスフォーメーションとして、アジャイル開発ができるチーム、部署体制を作り切るのに何年待てばよいでしょうか。

　実際には、4つの段階は重なりを持って進めていくことになります（**図2-11**）。各段階の解像度を上げて、段階の設計を行う必要があります。やはり、自組織に適したジャーニーを自ら描いていくことが前提となるのです。

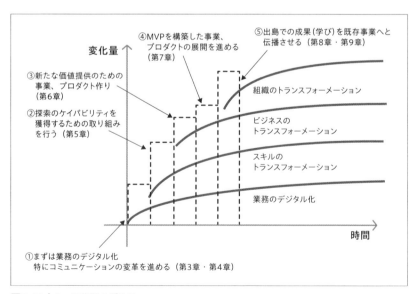

図2-11｜4つの段階の重なり

デジタルトランスフォーメーション・ジャーニーを始めよう

デジタルトランスフォーメーション・ジャーニーを描くための準備段階を含めて、流れの概要を示しておきます。大きくは、まず実行主体者の選定・チーム作りから始めます。それから、そのチームが働きかけとなって、経営による方向性作りを支援していきます。その後実施するべきことをジャーニーにプロットし運営を開始するという流れです。

- （1）CDO（Chief Digital Officer）等、DX のリード役の設置
- （2）経営戦略からのデジタルビジョン、デジタル戦略作り
- （3）DX 推進チーム（CoE：Center of Excellence）の選定
- （4）デジタル戦略を推進するために必要なテーマ（取り組み・施策）を挙げる
- （5）テーマ（取り組み・施策）を時間軸に割り当てる（ジャーニーの設計）
- （6）ジャーニーの運用を開始する

（1）（2）は、本書では詳しくは扱いません。経営戦略からデジタルビジョン、ビジョンを実現するためのデジタル戦略を作るというのは、要は組織の戦略立案と同等です。戦略立案のケイパビリティがない組織がDXに取り組むのは、組織経営のためのケイパビリティ不足を置いておいて、いきなり業務や事業でデジタル利活用を考えるということです。これは取り組む順番を間違えています。また、組織の方向性の打ち出しは必要なものの、そこに全集中して労力と時間をかけるのは、探索を基底に置く考え方からするとやはり順番を違えています。組織のトランスフォーメーションを業務や事業より先に置かないという説明のとおりです。本書では「**屏風のトラ[11]**」の書き方自体については触れません。

（3）以降について、第2部以降、4つのトランスフォーメーション段階に沿って詳しく説明を加えていきます。4つの段階を1つずつテーマに掲げていきますが、段階を進めるにあたって必ずと言ってよいほど直面する2つの重要な課題（分断）があります。「**垂直上の分断**」（経営～ミドル～現場の分断）と「**水平上の分断**」（組織間の分断）の2つです。組織のあらゆる箇所、観点に存在する

---

11 第1章で示したとおり、DX取り組みの最初の周回で直面するのは「絵としては立派だが実行するための算段がない」状態である。ビジョンや戦略は「一休さんの屏風のトラ」になりやすい。描いた絵が屏風のトラになってしまっていないか、その評価や検証手段をあわせて講じたい。

「分断」は、DXについてまわる課題です。

その中でも、この2つは組織の中における「渓谷」と呼べるほど、深刻な分断で、段階的発展を阻む存在となります。デジタルトランスフォーメーション・ジャーニーで成果をあげるためには、こうした分断を乗り越える、「組織内の方向性の一致」を高める必要があります。どんな一致感を、どのようにして醸成するのか、この点も第2部以降、2つの分断とあわせて解説します。

さて、そろそろ旅の概要を眺めるのはここまでとして、最初のジャーニーを始めることにしましょう。取り組むのは、業務のデジタル化、組織内のコミュニケーションのトランスフォーメーションです。

DIGITAL
TRANSFORMATION

第2部 業務のデジタル化

第3章 コミュニケーションの
トランスフォーメーション

JOURNEY

コミュニケーションの
トランスフォーメーション

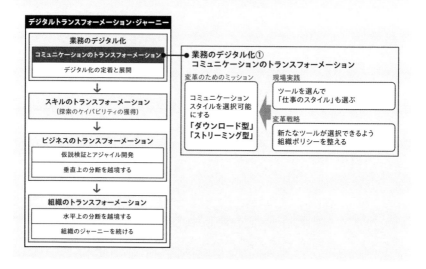

<変革のためのミッション>
日々の業務を変える——コミュニケーションのデジタル化

ビッグフロントで始めてしまうDX

「組織のこれからを変える」に向けて、どのような取り組みから始めるべきでしょうか。未来を担うような新しい事業やプロダクトを生み出すためのプロジェクトを始める。たとえば、社内からアイデアを募り、フェーズを設けて中身を吟味しながら事業化を促すプログラムを始めてみる。場合によっては組織内部に閉じず、外部のベンチャー、スタートアップを巻き込んだコーポレートアクセラレータープログラムに仕立ててみる。あるいは「これからの事業作りにはアジャイルが必要だ」という号令の下、一斉にアジャイルを学ぶ研修プログラムを始めたり、と。いずれもDXの名の下でよくある光景です。

そして、プログラムが一過性のイベント（いわゆる「お祭り」）で終わったり、研修は行ったものの実践レベルまで遠く適用ができなかったり、そもそも開発した新しい技術を適用する先が見つけられなかったりと、残念な結果となるの

もまた同時に耳目に触れるところです。

　「小さく始めて失敗を重ねる中で学びからやがて成果へと繋げよう」という掛け声もまたよく聞きます。スモールスタートの正義について、おそらく多くの人が賛同するにもかかわらず、なぜ打ち上げ花火のような大掛かりなアプローチが取られてしまうのでしょうか。スモールスタートのあり方、やり方を学ぶという目的に比して、そのための手段自体は大掛かりになっているということは皮肉です。

　「組織変革」というテーマは十分に危機感が高まった集団においては、希望をもたらします。こうした変革に向けた機運を高めること自体が大切です。しかし、新たな取り組みにはそれを阻もうとする障壁が常に待ち構えています。そうした阻害要因を突破するには、組織内はもちろん組織の外も含めて様々な専門性、経験、また意欲を集める必要があります。そうした協力を集め、まとまった結果に導くためには**求心力**が必要です。DXという旗印はその求心力になるわけです。

　つまり、長らく突破できてこなかった「これまで」のあり方を揺さぶる機会、組織内の方向性を揃えられる機運が「DX」なのです。この機運は千載一遇の、もしかしたら組織における最後のチャンスになるのかもしれません。この機会を決して逃さないようにしなければならない、そうした気負いが「組織変革」の名にふさわしい、見栄えの良い目先の施策へと繋がってしまうわけです。

　高まった機運そのままに、いきなり今まで一度も取り組んだことのない活動、新たなケイパビリティの獲得にめがけて組織をあげて臨むというのは、あまりに険しい試みです。その試みを支えるのは、「やってみることから学ぶ勇気」というよりは「理念に基づけば結果もきっと出ると信じるだけの無謀」になっている可能性はないでしょうか。

DXはコミュニケーションの再設計から始める
　第1部において組織変革の機運を最大限活かしつつ、段階的発展のジャーニーをたどるアプローチを示しました。その取り組みを始めることは、組織の今後のありたい姿を追いながら同時に自分たち自身の足元を見つめ直すことです。まず最初に、組織内における基本的なコミュニケーションから捉え直す必要があります。なぜ、数多くのやるべきことが考えられる中で最初に取り組むべき

ことが「コミュニケーション」なのでしょう。

　私たちはこれから「組織を変える」活動を始めていくわけです、その過程には、あらかじめ正解とわかるような拠り所はなく、自分たちが身につけるべき能力についても未知のものばかりです。つまり、実に難度の高い仕事、状況に取り組むわけなのです。ただでさえ難しい状況が相手だというのに、取り組む人たちが共通の認識や理解を持つには、制約の多いコミュニケーション環境しかない（たとえば、やたら通信が重いWeb会議ツールしか使えない）、あるいは貧弱なコミュニケーション手段しかない（たとえば、メールしか使えない）、としたら足かせにしかなりません。コミュニケーション不全を背負って、成果をあげられるほど甘い活動ではありません。

　「今の業務のやり方でも仕事が回らないわけではない、なぜ変える必要があるのか？」という声は、DXのプロジェクトにおいて、特に新たな技術やプロセスに取り組むテーマで最も耳にすることになるでしょう。コミュニケーションの方法を変えようとするときも、現状のルールや仕組みを保守運用している部署から間違いなく寄せられるはずです。

　「なぜ変えるのか？」の理由を、既存のルールやポリシーに合うように答えようとする限り、変革は進みません。こうした問いに向き合うのは平常時の運用においてです。今は、組織変革を進めようとする状況下にあるのです。問うべきは、変革を進めようというときに「**なぜ変えないのか？**」「**変えられる理由は何なのか？**」です**1**。

　たとえば、新たな顧客体験を作り出すために、新規性の高いプロダクトを作るプロジェクトがあり、そのコミュニケーションに使える手段が「メール」しかなかったら。組織内部のやりとりはもちろん、外部とのやりとりもすべてメールしか使えないとしたら。プロダクト作りとは、集団で取り組むには最も複雑な仕事の1つと言えます。綿密な認識合わせと高いレベルでの共通理解の醸成、そして期待通りのアウトプットへと仕上げていく協働が必要になる行為なのです。そうした、高度なチームワークが求められるところで、その手段とし

1　それでも組織が「なぜ変えるのか？」を求める場合はどうしたらよいのか。第1章の「でも、我々は今を生きている」で示したとおり、今の延長線に組織の未来があるのかを問い直すところから始めたい。そのためには、第4章で扱う「ゴールデンサークル」による対話も必要となるだろう。

て「メール」しか使えない、というのは絶望的と言えます**2**。

　もちろん、メールがコミュニケーション手段として現役で、やむを得ずメールのみでソフトウェア開発に臨まざるを得ない環境はいまだにあります。しかし、繰り返しになりますが、私たちはいつもの日常におけるソフトウェア開発をしているのではありません。あくまで新たな顧客体験を作り出す組織への変革に臨むのです。**「なぜ変えないのか？」を問うのは、この先のいつかでではなく、今です。**

深化から探索へのケイパビリティ移行

　「両利きの経営」という経営理論では、組織のあり方として「探索」と「深化」という2つのケイパビリティが必要であり、それぞれまったく異なる組織能力であると説明されています。DXを必要とする組織の多くは、既存事業における「深化」の能力が磨き込まれており、組織能力として「探索」が不足している状況にあります。「探索」がすでに可能な組織は、わざわざDXと掲げるまでもなく、組織変革に向けた動きが取れていることでしょう。

　「なぜ変えるのか？」に対して回答しようとすることがあまり意味を持たない理由がここにあります。「深化」というケイパビリティを高めるために整えられてきた組織において「探索」に必要な能力や活動を評価するには、これまでの価値基準では合わないのです。

　「深化」の世界では、既存の事業や業務として期待される「成果の定義」がすでに確立しており、いかにして効率よく成果をあげるかが問われます。成果をあげることが高い精度で再現できるようにルールやガイドラインを用意して、行うべきことを迷わないようにする。こうした成果をあげる方程式を磨き込んでいくのが「深化」で評価される行為です。そもそも何を成すべきかと「探索」する行為は、むしろ除外するべき対象と言えます。「深化」の基準からすれば「探索」的な活動とは余計なことなのです。探索のケイパビリティが企業において育たない理由がここにあります。

2　メールでコミュニケーションしながらソフトウェアを作る、ということは2000年代頃は確かに行われていたが、今ふりかえるとよく開発をしていたと感慨深い。その分もう少し作るべきものがわかりやすいモノづくりを行っていたのだとも言える。

　深化に対して、探索に求められる仕事のあり方とはどのようなものなのでしょうか。それは、**高頻度に**トライアルを行うことです（**図3-1**）。顧客や事業についての仮説を立て、机上だけではなく実地で検証を行う。こうしたトライアルの過程と結果から、学びを得て、その次の行動をより適したものとする。さらには、トライアルと学びの往復をできる限り多く行えること。ただ時間をかけて試行錯誤するのではなく、行動および結果からの知見を素早く構築していけるかが焦点です。ここが探索のケイパビリティとして期待されるところです。

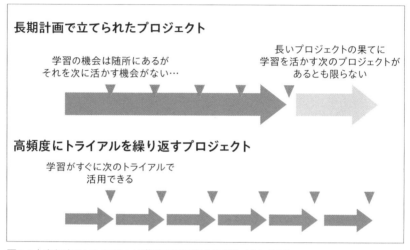

長期計画で立てられたプロジェクト

学習の機会は随所にあるが
それを次に活かす機会がない…

長いプロジェクトの果てに
学習を活かす次のプロジェクトが
あるとも限らない

高頻度にトライアルを繰り返すプロジェクト

学習がすぐに次のトライアルで
活用できる

図3-1 │ 高頻度のトライアルとは学習の活用機会を増やすということ

　こうした高頻度にトライアルを行うためには、1つ1つの仕事、1回1回のコミュニケーションをなめらかに、流れるように行える必要があります。いちいち認識を合わせるためのコミュニケーションにコストがかかるようでは、探索全体の速度が出ません。DXを進める対象として、最初にコミュニケーションを挙げる理由はここにあります。

コミュニケーションのストリーミング化
　端的にまとめると、デジタル化が進んでいない仕事は、「バッチ」「オフライン中心」「アナログ利用」の**ダウンロード型**と言えます。一方、デジタライズされた仕事、コミュニケーションとは、「リアルタイム」「オンライン中心」「デジタル利用」の**ストリーミング型**と表現できます（**表3-1**）。

表3-1｜仕事の進め方の違い

ダウンロード型 個々が独立して仕事を進めるのが基本	ストリーミング型 他者と常に接続してながら仕事を行う
バッチ メール、物理ファイルによるコミュニケーション。頻繁にはやりとりしないため、1回1回のやりとりが重たくなりがち	リアルタイム チャット、クラウド上のオンラインファイルによるコミュニケーション。コミュニケーションコストが低いため必要に応じたやりとりを頻繁に行える
オフライン中心 対面でのミーティング中心	オンライン中心 非接触でのミーティング中心
アナログ利用 紙で情報を共有する前提に立つ	デジタル利用 データで情報を共有する前提に立つ

　ダウンロード型の仕事とは、他者とコミュニケーションを取るのに、いちいち段取りが必要になるイメージです。メールがわかりやすいですね。入り方と終わり方に作法があり、文中の流れや言葉遣いが昔ながらの手紙と変わらない丁重な内容を心がける必要がありますよね。対面で行うミーティングも同様です。まずはミーティングを行う場所に全員で移動し、話が始められるようにお互いの準備を済ませた上で、いきなり本題を話し始めるのではなくまずはお互いの近況をうかがってから…ずいぶん本題までの距離があります。本質以外のところで儀式が多くなるのがダウンロードスタイルの特徴です。

　おのずとコミュニケーションコストが高くなるため、できるだけコミュニケーションを頻繁に取らなくても済むように進める力学が働きます（メールのやりとりや対面のミーティングをひっきりなしに行いたいという人は少ないですよね）。ストリーミング型の仕事に比べると自分の都合がつくタイミングでかつ、まとまった時間の中で仕事を片付けることが多いはずです。

　一方、ストリーミング型と表現した仕事の環境とは、他者と常に接続しているイメージです。チャットでのコミュニケーションで、いちいち「お世話になっております」から始めることはありませんよね。「XXXさん」と呼びかける必要すらもありません。「＠ユーザー名」といった形で相手への呼びかけ（通知）ができるわけですから、誰向けなのかは自明です。

　チャットの中は「常に繋がっている」「接続の呼びかけを行える」前提にある

と言えます。これは、リアルな職場環境とほぼ同じイメージです。少し移動すれば同僚と気軽に会話が始められる、1つのフロアに集まって仕事をしていた状況と変わりません。チャットの場合は、リアルに比べて、コミュニケーションのための段取りが不要なため、より細分化された時間で他者とやりとりができます。その分、コミュニケーションの進行が早くなります（**図3-2**）。

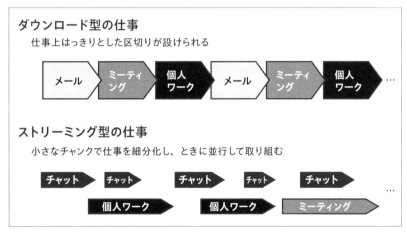

図3-2 ｜ コミュニケーションの取り方の違い

　人と人、モノとモノがやりとりを行うために定めた手順を「**プロトコル**」と呼びます。私たちがインターネット上で通信できているのも、ある共通の手順に則っているからです。ダウンロード型は、総じてプロトコル（手順）が重たいコミュニケーションと言えます。一方、ストリーミング型は、プロトコル（手順）が軽く、始めやすく終えやすいコミュニケーションと言えます。他者とのやりとりがたやすいということは、多少お互いの認識がズレていても、簡単に合わせ直しにいけるということです。しっかりと事前の準備に時間をかけなくても後から修整をかければよいというのは、探索的な活動には適した環境です。

　リアルタイム、オンライン、デジタルによるコミュニケーションの利点は、プロトコルの軽さだけではありません。「**全員で、同じものを、同時に見る**」ことが容易にできるところです。これにより情報の非対称性を減らすことができるわけです。メールは宛先に選ばれていなければ情報の同期から抜け落ちることになりますし、対面のミーティングに参加できる人数は限られるものです。ましてや紙での情報共有など手元にあるかどうかのモノに依存することになります。

　業務における状態の「見える化」の重要性は、昔から言われ続けてきたことです。見える化が進んでいない職場ではいちいち確認と理解の共通化に手間がかかり、何をするにしても判断まで時間を要することになります。逆に見える化が進んでいると、1人ひとりが状況を踏まえて判断し動き出すことができます。「全員で、同じものを、同時に見る」ことができる環境というのは、まさにこの動きを支えることになります。

　このように、コミュニケーションのデジタル化の本質には「**オープン化**」があります。ですから、デジタル化された環境上でクローズドなやりとり（ダイレクトメッセージで閉じたコミュニケーション）に依存してしまうのは本来的と言えません。チームや組織で、コミュニケーションに気を使うコストをできる限り下げられるよう、チームビルディングや組織内の対話を増やすなどしてお互いの関係の質を高めることに努めましょう。

コミュニケーションのデジタライズで留意すること

　コミュニケーションのデジタル化に際して留意するべき点も挙げておきます。1つは、デジタル上の活動に対して、できる限り物理の制約がかからないようにすることです。「利用環境上、見られないデータがある」「見られるデータを増やすためには相応の労力が必要となる」などの状況を回避できるよう環境やポリシーの改善にあたりましょう。こうした環境改善が進むと、物理的に常に全員で集まる必要性も低くなります。コミュニケーションのデジタル化はリモートワークの前提と言えます。働き方という観点ではデジタル的には「**個々別々（ダウンロード型）から集中（ストリーミング型）**」が進み、物理的には「**集中から分散（リモートワーク化）**」へと逆方向へのシフトが進むことになります。

　もう1つの留意は、「**状況の見える化**」です。先ほど、情報の見える化が進むことになると述べましたが、一方で見えなくなるものもあります。それは、個々人の様子や感情などの状況についてです。

　デジタル環境では、その環境に適した仕事の進め方が求められるようになります。デジタルに移行しているのに、ひとところに物理的に集まって仕事をしていた頃と同じ感覚でいるとずれてしまうところが出てきます。たとえば、同じフロアにいれば、相手の表情や動きも伺い知れますが、チャットではそうもいきません。チャットに存在しているか（オンライン）かは、アクティブかどうかの点灯のサインでわかるかもしれませんが、それがすなわち、相手がコミュ

ニケーションを受け取れる状況にあると意味しているわけではありません。リアルに比べて相手の様子がわからなくなるというのは、デジタル化の大きな課題です。

　「状況の見える化」を進めるためには、個々人がデジタル環境上で意識的に発信していく必要があります。仕事の何気ない様子や進み具合、自分自身に起きていることや感情面の言及などです。リアルな環境だとまずあえて言葉にしないような、独り言に近い内容です。デジタルな環境では、本人の外から他者が伺い知れる手段や情報に限りがあるため、本人の側からこうした発信を明示的に行わなければまったく様子がわからなくなってしまいます。こうした意識的な行為は多少負荷になるところでもあります。将来的には、ツールや環境の進化によって減らせるはずですが、現時点ではチームや組織の中でお互いに留意しておかなければならない点です。

　さて、目指すべき方向性についてはここまでとして、ここからは現場での取り組みとしてコミュニケーションツールの具体的な利用について（現場実践）と、組織が戦略的に行う取り組みについて（変革戦略）で分けて語り進めます。DXに際しては、現場実践と変革戦略の両者がかみ合う必要があります。どちらか一方だけでは、組織に広く深く影響を与えることが難しくなります。読者の皆さんが組織マネジメントを担う方なら、変革戦略の内容をもとに正しく組織を動かす戦略そのものを担っていただきたいところです。そうしたマネジメントの立場になかったとしても、現場からマネージャーへと働きかける切り口として捉えてください。

<現場実践>
仕事のスタイルをツールの選択で変える

ツールの選択が仕事のスタイルを決める

　コミュニケーションのあり方を変えるためには、相応のツール導入を推し進める必要があります。「ツールの導入？　そんなことよりもっと大事なことがあるでしょう」と思われた方……私もそう思っていた頃がありました。ツールは所詮ツール、取り組みの成否の決め手は、もっと他にある、と。ツール以外に向き合うべきことはもちろん数多くあります。しかし、環境作りを過小評価して、試行や活用を後回しにしてDXの取り組みを先に進めようとしたところで、必ず基本的なコミュニケーションがボトルネックとなってしまいます。

　コミュニケーションに問題があると気づいてから新しいツールを導入しようとすれば、組織のポリシーを乗り越える必要性があるのはもちろん、まがりなりにも成り立たせてきたチームや組織の運用を変えなければならず、抵抗感に直面します。プロジェクトの初期段階に比べると、運用を変える負荷は関係者全員にとって高くなってしまいます。

　ツールを過小評価すべきではないのは、**使う道具の選択によって仕事のスタイルそのものを選択することになりえる**からです[3]。選択した環境の上で日常を遂行していくわけですから、おのずと仕事のあり方にも、考え方にも大きな影響を与えることになります。ツールを選ぶことが自分たちの日常を変える機会にもなりえる、だからこそ後回しにするべきではないのです。

　もちろん、適切なツールを選択しなければなりません。ただし、ストリーミング型に移行するにあたって、自分たちに合っているかどうかとくまなく世の中のツールを調べ上げる必要性はあまりありません。すでに、チャット、Web会議、オフィス系など各分野において「王道」と言えるツールが存在しています。今、市場に残っているのは、アーリーアダプターな人たち（先行利用者）によって鍛え上げられてきたツール群です。今から、あえてニッチなものを選ぶ必要性はありません。

　気にするべきなのは、利用用途や背景です。たとえば、チャットツールのSlackが積極的に活用されて、鍛え上げられてきたのはソフトウェアを作る現場においてでした。ですから、Slackは開発で利用するには非常に馴染みやすく、他の選択が考えにくいくらいです。それはつまり開発以外の業務で活用するには求められるリテラシが高い、高機能すぎると感じてしまう可能性があるということなのです[4]。導入対象のツールがどういう利用用途で磨かれてきたのか、その背景を調べて把握しておきましょう。その上で、どのようなチームがどういう利用用途で用いるのかで選択を判断しましょう。

　ストリーミング型のツールを選ぶことで、どのように仕事のスタイルを変えることができるのか、特徴的な3つの切り口を挙げます。

3　「スタイルを選択する」ということに留意してほしい。どのような状況にも効果的なスタイルはない。置かれている状況と目的に応じて、スタイルの使い分けを行おう。

4　逆に、通常の業務用途を背景としたツールの利用を開発者に強いてしまうと、開発の効率を落としてしまうこともありえる。

（1）ミーティングのアンバンドル化[5]（会議の回数や時間が減る）

（2）PUSH型からPULL型化（コミュニケーションの主導権が受け手に移る）

（3）会話自体のオンライン化（コミュニケーションコストが下がる）

（1）ミーティングのアンバンドル化

　これは、対面ミーティングをチャットでのコミュニケーションで代替し、細分化してしまうことです。対面ミーティングですと、どうしてもお互いの時間をしっかりと専有せざるを得ません。おのずと時間は長くなり、その分、開催の回数を減らせるはずですが、実際にはなかなかミーティング自体が減ることはありません。1日の時間がミーティングに専有されてしまっているということも珍しくないでしょう。

　しかし、実際のところ、対面ミーティングでなければならないコミュニケーションというのは限られるものです[6]。内容によって、わざわざ対面ではなく、チャットで済ませられるものも数多くあるはずです。チャットコミュニケーションの良いところは、「非同期」にできることです。つまり、議題や質問、報告を投げかけておいて、相手の回答を待つことなく、自分の時間がまた空いたときにその続きに取り掛かればよいわけです[7]。対面ミーティングでできる限り議題を詰め込むスタイルから、チャットコミュニケーションによって、議題を小分けにして分散させるスタイルへ。ミーティングの切り離し、バラ売り化と言えます。

　こうしたコミュニケーションの非同期化の利点は、仕事自体を並列にできる点にあります（**図3-3**）。対面ミーティングを同時に行う人はいないでしょうが、チャットであれば、相手が違えばコミュニケーションの進行もそれぞれのため、同時に複数のテーマを扱うことができたりします。

5　アンバンドルとは、切り離す、ばらすといった意味を持つ。

6　複雑な内容のやりとりや、感情面での配慮が必要なものなど。

7　ただし、内容によってはラリーのようにやりとりを続けるべきものもある。相手がそのつもりで返答を待っているまま、放置してしまうと気分を害しかねないので、気をつけよう。

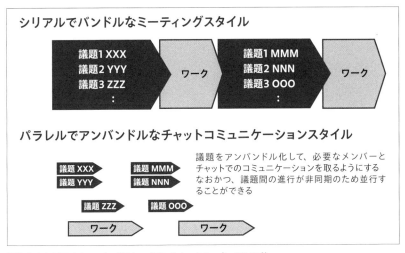

図3-3 | シリアルかつバンドルと、パラレルかつアンバンドルの差

　こうして対面ミーティングの回数自体や所要時間を減らすのが、狙いです。並行にコミュニケーションを進めることができれば、全体の時間圧縮にも繋がります。対面ミーティングの開催をチャットコミュニケーションで完全に代替できないにしても、ミーティングに先立ちオンラインで議題や情報の共有、意見や疑問の提示などを流しておくことで、リアルに会話する時間を減らすこともできます。

（2）PUSH型からPULL型化

　これは、コミュニケーションの主導権が送り手から受け手へと移ることを意味します。メールの場合、四方八方から連絡が来て、未読が山のようになって開封を諦める（諦めたくなる）ことが珍しくないですよね。どれだけメールを送りつけたところで、相手が受け止められていなければ、もちろんコミュニケーションとして成り立ちません。メールは一方的なPUSH型（送り手から受け手へ送り出す）のコミュニケーションと言えます。

　一方、チャットは基本的に自分のタイミングで状況を見にいくPULL型です。コミュニケーションの起点が相手ではなく、自分にあるわけです。そうした前提のコミュニケーションですから、PUSH型のようにとにかく送り手として必要なことをすべて送りつけておけば自分の仕事は完了、というわけにはいきません。相手に届き、受け止めてくれたかを丁寧に追う必要があります。ですから、早く確実に相手に見てもらいたい場合には、mention（特定の人に言及）機

能を用いるわけです。もちろん、だからといってやたらとmentionを打ち始めるとPUSH型と同じです。相手にされなくなるかもしれません。

こうしたPULL型のコミュニケーションだからこそ、「全員で、同じものを、同時に見る」という特徴もより活きてくるのです。たとえば、誰かを特定せずに、チャット上で質問を投げかけることで、誰となく拾ってくれて思いがけない知見をもらえる可能性があります。あるいは何かしらアイデアをチャットに置いておくことで、誰かがアイデアを付け足して広げてくれる可能性もあります。こうした偶発的なコミュニケーションはPULL型が優位です。

(3) 会話自体のオンライン化

これは、本来リアルで行っていた会議手法や会話をオンラインに置き換えることです。たとえば、ブレストです。ブレストもチャットで行うことができます。文字によるブレストとなるため、会話ほどのテンポにはならない場合がありますが、発話だけで消えてしまうようなアイデアも含めて漏れなく残すことができます。チャット上で時間を合わせて集中的に行うブレストもあれば、逆に時間を合わせずに各自の都合がついたときや興に乗ったときにのみにアイデアを繋げていく非同期の断続的なブレストもありえます。後者は終わりがありませんが、ある意味で延々とアイデア出しを続けられるとも言えます（もはや"ブレインストーミング"とは呼べないかもしれませんが）。

もう一例は、雑談です。ふと目の前の仕事から離れた気楽な会話によって、逆に仕事のインスピレーションを得たり、人と人との間の基本的な関係性を構築したりと、雑談の持っている価値が見直されているのが昨今です。特に会話が限られてしまうリモートワーク環境では、雑談が果たす役割は重要で意識的に日常に取り込む必要さえあります。何気ないやりとりから、リモートワークで様子が見えない相手の雰囲気をくみ取れるところがあるからです。

こうした特に明確な目的があるわけでもないコミュニケーションも、チャットだと、より始めやすいという利点があります。PULL型ですから、お互いに余裕があれば絡みが生まれますし、余裕が出たときに続きから始められます。また、リアルよりもさっと終われるところも良いところです。

さて、このようにチャット中心のコミュニケーションへと移行するのに伴い、対面ミーティング自体がWeb会議による非対面ミーティングへ、情報の共有も

紙や物理ファイルから、クラウド上のオンラインファイルへと合わせて移ることになります。チャットだけではクローズ仕切れない議題を、Web会議でさっと集まり、認識を揃えにいく。Web会議上では、もちろんオンラインファイルを開き、全員がリアルタイムで内容を更新しながら、議論を固めていく。ミーティングが終われば、そのオンラインファイルが議事録代わり。Web会議ツールで録画しておけば、議事内容の抜け漏れフォローや、不参加だった人への確かな共有にもなる。

　こうしたスタイルを手に入れる一歩がツールの選択だとしたら。踏み出さないわけにはいかないはずです。かたや、いちいち対面ミーティングで情報共有を行い、なおかつそのミーティング時間外のところで移動や準備の時間を費やし、データの共有は物理ファイルでやるものだから、最新の状況がわからず、認識の齟齬も生まれやすい……、そんなスタイルからもちろん、脱却しましょう。

デジタルコミュニケーションの限界を知っておく

　ここまでの内容で、「コミュニケーションを変える」ということに二の足を踏んでいる場合ではないことは明らかですが、一方で、デジタル型のコミュニケーションに移行する上で注意しておくこともあります。

　それは、「相手側に立ったコミュニケーション」を基本とすることです。コミュニケーションが「テキスト中心」「常時接続」に移行することで起こるハレーションを知っておきましょう。

テキスト中心の限界

　チャットがコミュニケーションの主体となると、会話中心からテキスト中心に変わるのは間違いありません。これまでに比べると、こちらの意図が正しく伝わるようテキストだけで働きかける必要があり、相手が文意を読み取れるように作文しなければなりません。送り出されたテキストが相手にどう受け止められるかは相手の解釈次第です。たとえ同じテキストであっても、受け取る相手によって受け止め方が異なるのはよくある話です。

　ましてや、テキストを送る側もそもそも作文することに慣れていない、苦手という方も少なくありません。なおさら、「相手には伝わらないことのほうが多い」という前提に立ち、伝わりが悪いと感じたらWeb会議で補完するなど、テ

キストだけで解決しきろうとしないことが大切です**8**。その上で、チャット上でのテキストのやりとりについての工夫を3つ挙げておきます。

1つ目は、「**できる限りテキストを短くして伝える**」こと。基本的には、1回で送るテキストは3行以内に収めるようにしたいところです。長くても5行まで。それ以上一度にテキストを連ねても、相手からしたらチャットでメールを受け取るようなもので、ちょっとした迷惑になってしまいます。何も1回の文章ですべてを伝え切る必要はないのです。チャットの利点とは相手と会話するように、インタラクティブにやりとりできることなのですから、テンポの良い、短いやりとりを意識しましょう。なお、短く伝えるためには「要約力」が必要となります。要約力は意識的に取り組まないと、なかなか身につきません。3行ルールを置いて、自分の伝えたいことを研ぎ澄ませてみることを繰り返すことで、コツがつかめてくるはずです。

2つ目は、「**伝えたいことを最初に**」です。短いやりとりを小刻みに続けていくコミュニケーションで「本当に言いたいことは10回くらいやりとりした最後の内容でした」では、相手も嫌になってしまいますよね。

3つ目は、「**相手がどう受け止めるかを想像する**」です。「相手への、この働きかけで何を受け取ってもらう必要があるのか？」に考えを巡らせましょう。こちらからただ送りたい内容を、こちらの言葉で相手に投げつけるのではなく、相手が受け止められるための表現、言い回し、補足説明に気を配りましょう。たとえば、何気なく使う感嘆符や疑問符も、相手や文脈によって、送り手が想定していない印象を与えてしまうことがありえます（威圧感や責められる感じ）。会話であれば問題のない言い回しでも、テキストだけなら相手に冷たい印象を与えてしまうこともあります。「〜してください」というよくある表現1つをとってみても、テキストでは必要以上に強いメッセージになってしまうことがあります。誤解を招く可能性がある表現は関係性ができてくるまでは控えるなど、配慮しておくに越したことはありません**9**。

---

8 伝わりが悪いので、テキストにテキストを重ねて結果的に長文を作り上げてしまったり、相手の言葉に反応的にテキストを重ねてしまうことがある。その結果、お互いが感情的になってしまうと、どれだけテキストを送っても状況が良くなることはない。

9 逆に印象を緩和する方法として、絵文字やスタンプを使うことも些細なことに見えて有効的である。「仕事で絵文字なんて……」と思われる方もいるかもしれないが、これこそスタイルの変化と言える。

常時接続での誤解

　「テキスト中心」と並び、もう1つの特徴である「常時接続」もまた、相手との
ミスコミュニケーションになりえる要因です。チャットに移行することで「常に
繋がっている状態になる＝常時コミュニケーションが取れる」という**わけではな
い**のです。この前提を揃えておく必要があります。たとえ、チャット上で「オン
ラインになっている」ランプが灯っていたとしても、それですなわち「声をかけ
られたら即座に返事ができる」ということが担保されるわけではありません。

　このあたりは、少し様子をうかがえば雰囲気がつかめるリアルな職場より不
利な点です。相手の様子、状況がわからない以上、こちら側の勝手な憶測で相
手を判断してはなりません。相手からの反応が遅い、ないことにただ腹を立て
るよりも、見えていない相手側で何か意識をこちらに向けられない状況が起き
ているのではないかと想像を巡らせましょう**10**。お互いの状況が見えないこと
でわずらわしさを感じてしまうのはよくあることです。それゆえに、自分の状
態、状況が周囲に伝わるよう意識的に発信することが意外と大切になるのです。

速い・遅いコミュニケーションの使い分け

　最後に、**速いコミュニケーション**と**遅いコミュニケーション**の使い分けにつ
いて触れておきましょう。リアルタイム、オンライン、デジタルは、速いコミ
ュニケーションです。逆に、これまでのリアルな対面による会話などは、相対
的に時間がかかる遅いコミュニケーションと言えます。速いコミュニケーショ
ンは、仕事の効率を高めます。一方、人と人とがお互いの関係性を作っていく
ためには、あるいは相手の協力によって成り立つ創発的な思考を生み出すため
には、ノンバーバルを含めた遅いコミュニケーションのほうが有利です。テキ
ストでは表現しきれない、豊かな感情表現が相手の理解を深めることに繋がり、
お互いの信頼感を高める一助となるのは間違いありません。

　ですから、こうした時代においても、あえてリアルな対話の時間を設けたり、
関係者がひとところに集まって長い時間をともにする、いわゆる「合宿」を開
いたりと、遅いコミュニケーションを織り交ぜていくことが効果的です。そう、
新しい仕事のスタイルを選ぼうとここまで述べてきましたが、これまでのスタ
イルを完全に捨てなければならないわけではないのです。スタイルは使い分け

10 実際に問題を抱えているにもかかわらず、リモートワークのため周囲からは様子がわからず、誰も
　　支援ができないままになってしまっているということもありえる。

です**11**。決して、スタイル、そしてツールに振り回されることのないようにしましょう。

┃ <変革戦略>
┃ 組織のポリシーに働きかける

環境を変えるための3つの作戦

　仕事のスタイルを変えるために、新たなツールの選択を行う──こうした現場活動を後押しするために必要になることは何でしょうか。

　繰り返し説いてきたように、「探索」ができるようにあり方を変えようとしているところで、その判断の是非を問うのが「深化」のために用意された基準では、まったく話が通りません。そう、戦略的に取り組むべきは、組織ポリシーの変更です。既存の基準では、業務、開発向けの各種クラウドサービスの利用はもちろんのこと、世間一般的に利用されている代表的なチャットツールの導入さえ進まないことがあります。この課題は、現場に任せるだけではなかなか乗り越えられません。組織ポリシーの変更は、現場で扱える範疇を越えていることがあり、仮に現場側から働きかけたとしても相当な時間を費やすことになりかねません。

　考えられる作戦は、3つあります。1つ目の作戦は、「正攻法に働きかける」こと。組織のポリシー上、利用が認められるように、正面から各所の調整を行っていくわけですが、もちろん相応の労力を強いられます。ただし、組織にもよりますが、結局は各種規定をどのように解釈するか、その解釈に誰が責任を持つのか、ということが鍵になっているだけのこともあります。組織の中で声が通る、経営人材を巻き込めるかどうかが勝負を決めることになります**12**。

　2つ目の作戦は、「外部パートナーによる代行」です。自組織でクラウドサービスのアカウントを作ることができないならば、いっそ外部のパートナー企業が用意している環境にこちらから入っていくやり方です。素早く開発プロジェクトを立ち上げて進めていく必要がある場合などは、この作戦を用いるのが現

---

11 どちらかのスタイルを残し、一方のスタイルを強制するのが二項対立。どちらのスタイルも状況によって選択するという考え方が二項動態。

12 もちろん、この説得材料として「DX」という言葉を利用しない手はない。経営と現場の共通言語としてDXを担いで物事を動かすべきである。

実的と言えます。もちろん、外部パートナー側には自組織が委託先に与件として課さなければならない、セキュリティポリシーへのコミットを求めることになります。

3つ目の作戦は、ポリシーは組織に宿るため、「組織自体を分ける」ことです。「出島」という既存組織とは一線を画した新たな組織環境を作り、そこで新たなポリシーを適用する、という作戦です。所属する箱自体を新たにすることで、背負うべき基準を変えてしまうわけです。

出島は、新しい部署を作るレベルで済むこともあれば別会社が必要になることもあるでしょう。いずれにしても相応の段取りが必要となります。ただし、組織変革においてツールの利用調整はほんの入り口でしかありません。その後の、これまでの組織にはまったく当てはまらない方法や技術を選択していく展開を考えるならば、中期的には出島の確保を目指すべきです。

直近で利用環境を素早く立ち上げる必要があるならば「外部パートナーによる代行」を、DXの名の下に全社的な取り組みを立ち上げる機運ならば「組織自体を分ける」を選択します。後者は、「正攻法に働きかける」のと出島を作るのと、どちらが迅速に進めていけるか次第の選択になるでしょう。

新しい取り組みについての責任を、誰かが取るのか、ひとまず外部の協力を得るのか、新しい組織に背負わせるのか、いずれの選択を入り口としたとしても、目指すべきは実績をまず作ることです。そして、回避的な策を取らなくても組織として選択ができるように、やはりポリシーを変えていく。長期的にはここに到達するよう、働きかけを続けていきましょう。その際、組織が意思決定の拠り所に取りやすい「前例」となるよう、最初の実績を意図的に活用する必要があります。

具体的には、利用実績が一部ではなく、組織内で広がるよう、あえて利用の「ガイドライン」を作るのです[13]。新しい取り組みをするにしても既存のポリシーやガイドラインとの整合性に悩むというのに、あえて新たな「ガイドライン」

---

13 ガイドラインとは利用にあたっての前提やポリシーを明らかにしておくもの。もちろん重厚なものを作ろうとしても運用がままならなくなることが多いため、最小限にしたい。たとえば、Slackの利用ガイドラインとしては、メルカリが公開しているものがあり、参考になる。
https://mercan.mercari.com/articles/23325/

を作るというのは直感に反するかもしれません。しかし、「深化」型の組織の特性である前例主義を利用し、かつ利用を広めるためには、導入と活用を支援する「ガイドライン」が逆手を取った武器となります。次の第4章で、この展開についての課題を扱いましょう。

DIGITAL
TRANSFORMATION

第 **4** 章　デジタル化の定着と展開

JOURNEY

デジタル化の定着と展開

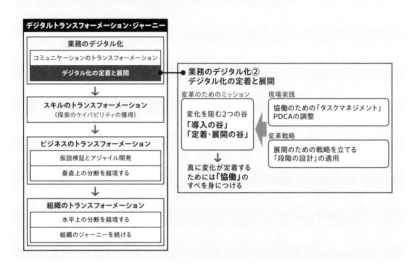

▌ <変革のためのミッション>
▌ 協働のための方法を定着・展開する

協働の型に乗る

　ツールを選択することで、仕事のスタイルを選択することになると述べました。だからといって、全社的に使うツールを決めて、利用のルールを決めれば、おのずと利用の定着と展開が進んでいくわけではありません。この点に気づいていながら具体的な定着と展開の働きかけを行っていないようでは、「新しいツールを入れたから、デジタルトランスフォーメーションだ」というのと変わりありません。

　ツールにせよ、仕事の進め方にせよ、これまで組織で扱ったことがない新たな取り組みや概念を導入するにあたっては、「**2つの谷**」が存在します（**図4-1**）。

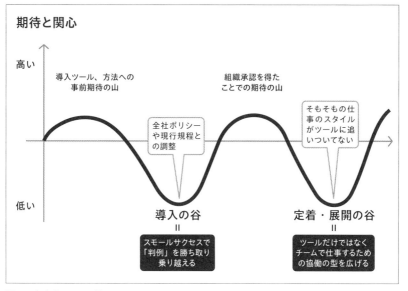

期待と関心

高い

導入ツール、方法への
事前期待の山

組織承認を得た
ことでの期待の山

そもそもの仕
事のスタイル
がツールに追
いついてない

全社ポリシー
や現行規程と
の調整

低い

導入の谷
＝
スモールサクセスで
「判例」を勝ち取り
乗り越える

定着・展開の谷
＝
ツールだけではなく
チームで仕事するため
の協働の型を広げる

図4-1｜変化を阻む「2つの谷」

　1つ目の谷は、導入に際しての困難です。新しい概念、ツールだけに、まずもって中身を組織に理解してもらい、その意思決定を得る必要があります。導入しようとしているツールが全社的なポリシーや現行の規定とどのくらい直交することになるかで、承認の道のりの長さや難易度は変わることでしょう。この谷を乗り越えるための指針は前章で述べたとおりです（「正攻法に働きかける」「外部パートナーによる代行」「組織自体を分ける」）。

　最初の谷は、もう1つ乗り越え方の工夫があります。いきなり全社で適用しようとするのではなく、個別のチームやプロジェクトレベルなど小さく限定された範囲での試行を優先させて、あとから是非の判断を得るものです**1**。明確にポリシーに違反しているわけでもないため、是非の判断としては「グレー」というケースも少なくありません。まったく効果の見えない段階では導入の敷居も高くなりますが、実質的な効果が見えてくると、また判断も異なるものです。まずは小さな範囲で試行を進め、その検証結果でもって正式に適用可とするのかの判断を得る。そうなるとある意味、1つの「判例（組織の中での判断基準

1　「許可を求めるな、謝罪せよ（事前に許可を得るより、あとで許してもらうほうがたやすい）」
　　"It's easier to ask forgiveness than it is to get permission."
　　https://en.m.wikiquote.org/wiki/Grace_Hopper

となる前例）」が得られたことにもなり、場合によって組織的な展開判断を得る
ところまで持っていける可能性があります。

このように最初の谷を乗り越えること自体が容易ではありません。この突破
に、情熱を傾けざるを得ず、その後については手が回らなくなる、という状態
が2つ目の谷です。ツールの導入を進める、当事者とその周辺は大いに盛り上
がるものの、その根本的な環境としての部署やプロジェクト全体としては定着
まで至らない。定着しないから組織内の他の現場にまで展開されることもなく、
広がらない。この2つ目の谷の存在も見越して、取り組みを進めていく必要が
あります。

新たなツールを導入することで、仕事に対する新しいスタイルを身に着けて
いくためには、現場やチームに「**協働**」のカルチャーが根ざしていなければ成
り立ちません。そもそも「協働して仕事に臨む」という姿勢とそのための練度
を高めていかなければ、チャットであろうと、タスク管理のツールであろうと、
個々人における小手先の利便性が得られる程度です。現代におけるオフィスワ
ークのほとんどが他者と協力してあたるものであることを考えれば、当然と言
えます。

ところが、DXを必要とする組織においては「チームで仕事をする」という
こと自体が未成熟な場合が珍しくありません。正確に言うと「これまでの業務、
仕事をこれまで通り進める」にあたっては、今以上の関係、取り組みようが求
められることがなく、差し迫ってカイゼンに取り組む必要がないとも言えます。
仕事の効率化が抱える負の一面として「個々人が目の前にある仕事だけに集中
しこなせればよい」という状況を是とし、助長するところがあります。効率化
を進めていこうとするほどに「他の人と情報を共有し協力して仕事を進める」
という状況からかけ離れてしまい、結果的に「チームで仕事する」方法や価値
観が育っていないという現状があるのです[2]。

また、主なコミュニケーション手段がメールしかなければ、それを制約とした
仕事の進め方、お互いの動き方になります。もちろんスピード感に乏しく、お

---

2 このあたりはソフトウェア開発の現場に身を置き、チームによる仕事を前提としている人たちにとって
は理解しがたいところかもしれない。しかし、本文のとおり、過度な効率化が個々人の間の分断を
招き、チーム活動が不慣れなままの組織は多い。

互いが得られる状況の理解も十分なものにはなりません。しかし、理解の不足は「リアルなミーティングで補う」ということでなんとかなってきたわけです。こうした状況から転換していこうという機運が高まっている背景には、手がける仕事の複雑性や不確実性の高まりにより相応の協働の方法が求められるようになったということです（**図4-2**）。

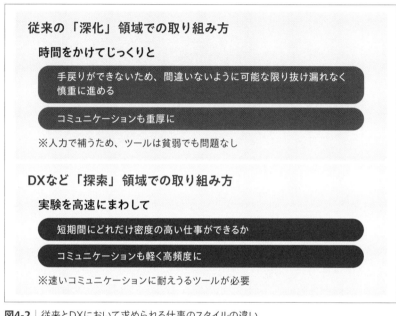

図4-2 │ 従来とDXにおいて求められる仕事のスタイルの違い

　ですから、DXを取り組み進めるにあたっては、ツールのモダン化とともに、そもそもの協働のあり方として「**チームで仕事をする**」という型を導入していくことをあわせて行う必要があるわけです。この点がDX推進の最初の落とし穴です。

　チームで仕事をするためには何を取り入れる必要があるのでしょうか。**協働の型**は、「**見える化**」「**場づくり**」「**一緒にやる**」の3つです（**図4-3**）。

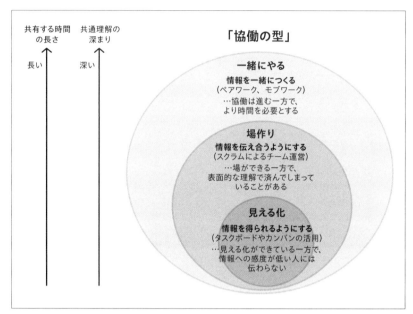

図4-3 | 協働の型

　こうした型を進めていくためにはチームが共通で追いかけ、チーム活動の中心となる「**タスク**」のマネジメントが必要となります。

理解の質を高めるためのタスクマネジメント

　チームで仕事をするための基本となる仕事の単位が「**タスク**」です。チームは、何らかのプロジェクトなり、テーマなりをもとに結成されているはずです。タスクとは、そうしたプロジェクトやテーマの目的を果たすために必要となる「やるべきこと」です。そもそもタスクが洗い出せていなかったり、チームで共通の理解になっていなければ、どれだけチーム活動に日々を費やしても成果にたどり着けません。

　ですから、「そもそも必要なタスクとは何か」「今優先して取り組むべきことは何か」「誰が、いつまでに、タスクを倒すのか」といった問いにチームで答えられるようになる必要があり、タスクをマネジメントする方法が求められるわけです（**図4-4**）。

①そもそも必要なタスクとは何か？
→ 目的達成に必要な仕事を抜け漏れなく洗い出す

②今優先して取り組むべきことは何か？
→ タスクに対して優先度付けを行う

③誰が、いつまでに、倒すのか？
→ タスクへのサインアップを行う

図4-4 │ タスクマネジメントの基本

　こうしたタスクマネジメントは、極めて基本的なことです。それだけにチームの基本的な認識として確立しておく必要があります。「いまさらタスクマネジメントなんて」と思われる方もいるでしょう。しかし、初めて仕事をするメンバーが多いチームなどでは、意外とどのようにタスクをマネージしていくかが整っておらず、チーム運営で最初のつまずきを迎える場合があります。

　あるいは、チーム運営自体につまずいていることに気づいておらず、何をしても結果が出ないという状態に陥っているということもあります。事業開発や運営、プロダクト作りなど高度な取り組みを進めるにあたって必要とされる方法、概念のほうに目が奪われてしまって、肝心のチーム活動の基本ができていないという状態はよくある落とし穴です（**図4-5**）。サッカーで言えばゴール前でのシュートの決め方ばかりに関心があって、肝心のチームのボール回しがなっていないという状態です。

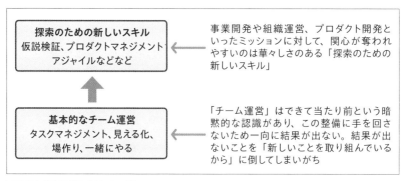

図4-5 │ 「足元がお留守」の罠

　たとえ基本のキのことであっても、どこで（どのツールで）タスクをリストアップし、どういうタイミングでそれをチームで共通の理解にしていくのか、と

いった認識を合わせなければチームによる仕事が始まりません。なお、ここでいうタスクマネジメントとは、あくまでチームによるものです。タスクを管理する役割（リーダーやマネージャー）を立てて行う、「管理者によるタスクマネジメント」ではありません。管理者による一元コントロールされたマネジメントスタイルでは、指示待ちや報告のためのコミュニケーションが増えて、チーム全体の機動性が高まっていきません。

なぜ、タスクマネジメントがチーム運営で重要となるのか。それはタスクマネジメントを通じて、チーム自身が様々な理解を得ていき、自律的なチームへの成長に繋がるからです（**図4-6**）。管理者によるコントロール型のタスクマネジメントではチームの自律性が高まりにくくなります。

目標の理解	そもそも達成するべき目標の理解が深まる。もちろん目標を置いてあるのが前提だが、目標自体があいまいだったり揺れ動くこともあり、何を達成していけば目標をクリアできるのかというタスクの具体化によってより明確になることがある。
状況の理解	今、何をするべきなのか。何が終わっていて、何が残っているのかをチームで共有するタスクリストの運営で明らかにできる。
お互いの理解	お互いに何が得意で、どういう仕事の進め方をするのか、タスクの進捗過程で、チームメンバー同士の理解を深められる。
成果の理解	完了タスクを積み上げていくことによって何が得られたのか、目標にどれほど近づいたのか、理解を得ることができる。

図4-6｜チームによるタスクマネジメントで獲得する「理解」

こうした理解が不足している状態を放置していると、良い展望はまず描けません（**図4-7**）。

お互いの理解不足がプロジェクトの破綻を招く

- ・誰が何をやっているかわからず、結果として物事が進んでいない。
- ・やるべきことがどのくらいあるかわからず、負荷にムラがある。
- ・逆に何はやらなくてよいのかわからず、ムダが生じる。
- ・いつ何が終わっていくのか予測が立たない。
- ・状況の共有に毎回とてつもなく時間がかかる。そして漏れる。
- ・特定の誰かに聞かないとやるべき全体がわからない。
- ・その特定の誰かが忙しいとすべてが止まる。
- ・何かがあって、かつ終わったこともわからず、ついていけない。
- ・全体的に状況がわからないため、次に何をすべきか発想できない。
- ・指示まちが増える。チーム、組織全体として非活性化。
- ・誰かと仕事している感覚が薄まり、心が離れていく。

図4-7｜理解不足の悪循環

チームの「理解の質」を高めることが、成果をあげていくこと、より望ましい結果を出していくことに貢献することになります（**図4-8**）。

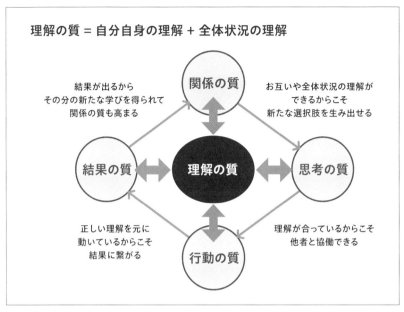

図4-8 | 理解の質のサイクル

このモデルは、ダニエルキムの「成功循環モデル」に手を加えたものです（もともとのモデルには「理解の質」がありません）。この循環の起点は関係の質からです[3]。良質なチームの関係性は、お互いの思考を活用する方向へと動きやすくなり、チームで考える選択肢の量が増え、質も高まると考えられます。思考の質が高まれば、的を射たチーム行動を取ることができるでしょう。適切な行動は、結果へと繋がります。ですから、チームの関係の質を高めることが鍵を握るわけですが、関係性を高めるためにはお互いの理解はもちろん、チームが置かれている状況自体についても理解を合わせられていることが前提となります。こうした理解の質を得るためのすべの1つがチームによるタスクマネジメントなのです。

---

3 実際にはチームビルディングのワークショップをやっていれば関係の質が高まるわけではなく、結果が出ることで関係が深まるという側面がある。もちろんいきなり大きな結果を出すことはできない。だからこそ小さくとも早く結果をチームや関係者で確認することを目指したい。

領域の展開

　協働の型を身につけていくことが、「チームで仕事をする」というカルチャーを育んでいくことになります。この姿勢を単一のチームやプロジェクトだけではなく、組織内に広げていくことにも取り組んでいかなければなりません。

　そのためには、導入するべきツールを選定し、その利用方法やルールをただ決めて、展開すればよいというわけではありません。たとえば、ある組織では、社内の業務データを営業所の外から確認するために、営業がいちいち社内の内勤メンバーに電話をかけるということがいまだに運用されていました。VPN接続を使えば、外からでも業務データにアクセスできないわけではありません。しかし、営業の意識として「いちいちPC開いてVPN接続するより、電話で聞いたほうが早い。その場で別の作業も依頼ができる」という考えが強く、営業の誰もが電話を多用していました。この電話の対応のために内勤メンバーの稼働は逼迫し、長らくそれが普通のことだという認識にまでなっていました。こういう状況下ではただ電話の利用を控えるよう社内方針を出したところで、当然行動が変わるわけではありません。また、闇雲に世の中で展開が進んでいるチャットツールを同じように導入したとしても、使いこなせるわけではありません。むしろ、ツールが高機能になっており、そのずいぶん手前にある職場環境では利用しようにも手に負えません。段階的に、環境自体に手をかけていく必要があります。

　具体的には、**日常と仕事の環境を近づける**一手があります。実際のところ、日常生活では電話よりもLINEなどのメッセンジャーアプリをたいてい使っているわけです。仕事の文脈上で使い慣れているのが電話だから、いまだに電話をかけている側面があります。であれば、仕事の環境も日常ツールのビジネス版を利用することで、「仕事でチャットを使う」という状況に移行しやすくする手が考えられます。それでも、すぐには利用は広がりません。ただし、誰かが使い始めると、環境は動き始めます。

　特に営業所や、事務所といった狭い職場環境では、1人の利用が周囲に与える影響も少なくありません。これは**キャズム理論**[4]のアーリーアダプター（早期利用者）を攻略する一番ピン戦略に他なりません。早期利用者による最初の

4　最初に捉えた市場からメインストリームの市場への移行を阻む深い溝を「キャズム」と呼び、初期段階とメインストリームとでマーケティングアプローチを変える必要性がある。

実績があがれば、次のセグメントであるマジョリティも関心を持ち、試し始めます。ですから、最初の利用が進むよう、その1人目は特に丁寧に働きかけを行うべきです。全社員1人ひとりに働きかけを行うことは現実的ではなくても、各営業所の最初の1人目には手が届きます。新しい取り組みをドミノ倒しのように進めるためには、最初の1人や最初の1チームにこそ寄り添う支援を行います。そして、その後の利用が広がるよう、よくある問題の解決を示すQ&Aや相談の入り口を用意しておきます。

　最初の1人目はアーリーアダプターなので、関心の高さから利用上の少々のハードルも越えていってくれますが、その先はサポート体制が必要です。コミュニケーションツールの場合でも、「チームで仕事をする」ための協働の型を広げる場合でも、働きかけのスタンスは同じです。

<現場実践>
タスクマネジメントによる協働の型を身につける

タスクマネジメントの実践

　さて、現場でどのように協働の型を実践していくのか、その具体内容について理解を得ておきましょう。協働の型を進めていくためには、チームで仕事をする基本的な単位「タスク」を捉え、マネジメントする必要があると述べました。まずは、この「マネジメント」という言葉に向き合うことから始めましょう。

　「マネジメント」という言葉にどんな印象を持つでしょうか。ある基準や標準があって、それから外れないように統制、管理するというのが一般的なイメージでしょう。どちらかというと現場視点からは、やらなくて済むならそうしておきたい対象かもしれません。

　しかし、マネジメントの本来の意味を捉えようとすると、予想外の中身を知ることになります。たとえば、マネジメント論の大家ピーター・F・ドラッカーは、マネジメントを**「組織の成果をあげさせるための 道具・機能・機関」**と表現しています。その他、一般的な辞典などを引いても「一定の目的を効果的、効率的に達成するために、協働の状態や方法そのものを維持、発展させる機能」といった説明がなされています。標準から外れていないかエラーを確認する「管理」のイメージとはおもむきが異なります。英語のmanageで意味を捉えると**「なんとかして成し遂げる」**という意図が言葉に込められていることに気づきま

す。つまり、マネジメントは、次のように捉え直すことができます**5**。

> ○**マネジメント**……なんとかして目的を果たすようにする
> ○**マネージャー**……なんとかして目的を果たせるようにする役割

　プロジェクトマネジメントとは「なんとかしてプロジェクトの目的を果たすようにするすべ（知識体系）」、**プロダクトマネジメント**とは「なんとかしてプロダクトの目的を果たすようにするすべ（知識体系）」と言えます。相応の年月をかけて培われてきた、マネジメントの知識体系を活かさない手はありません。各知識体系から期待と合う工夫を積極的に取り入れるようにしましょう。

　なお、マネジメントとよく対比される概念に「**リーダーシップ**」があります。論調によって「マネジメントは悪で、リーダーシップこそが必要である」という内容も見かけます。マネジメントとリーダーシップ、どちらが重要なのでしょうか。両者の司る役割をそれぞれ次のように捉えましょう。

> ○**リーダー** ＝ 正しい物事を実行する役割（Do the Right things）
> ○**マネージャー** ＝ 物事を正しく実行する役割（Do the things Right）

　こうしてみると、どちらが重要でどちらが不要というものではないとわかります。リーダーシップなきマネージャーでは結果が出せないでしょうし、マネジメントなきリーダーでは現場やチームは混乱して疲弊しかねません。つまり、リーダー（リーダーシップ）と、マネージャー（マネジメント）は二項対立として扱うのではなく、両方の機能**6**が必要であり、使い分けが重要ということです。

　さて、本題のタスクマネジメントです。タスクをマネージするにあたっては、まず第一に目的とタスクの整合性を合わせるところからです。タスクをマネージすることによってどのような目的を果たすのか——目的が捉えられると、逆にまた必要なタスクを洗い直す、この繰り返しです。目的を捉えるためには、ゴールデンサークルを描くのが定石です（**図4-9**）。

5　このように捉えると、DXでも、新規事業でも、プロダクト開発でも、必要な機能・役割と言える。
6　「機能」としているのは、「役割」まで定義しておく必要があるかは個々の判断に依るためである。「役割」を明示的に置かなくてもチームで「機能」を担保できるならばそれに越したことはない。

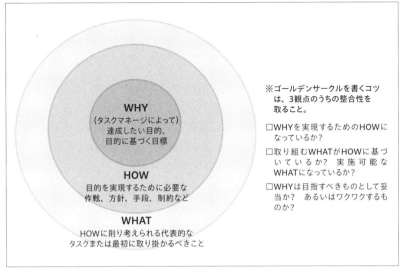

図4-9 ｜ ゴールデンサークル

　チームや集団で仕事に取り組む際、何を果たすべきかという目的や目標が自明になっており、全員が同じ認識にあるだろうと思い込んでしまうことがありますが、実際にはまったく認識していないことも、また解釈が違うこともあります。どこに向かうべきなのか、目標が遠ければ遠いほどわかりにくくもなります。海上での目印として浮かぶ「**ブイ**」のように、ゴールデンサークルを活動の中に浮かべて、全員で捉えられるようにしておきましょう。

　ゴールデンサークルのWHATがタスクにあたりますが、洗い出していけば相応の数となるでしょう。WHATには重要または代表的なタスクを大まかに挙げておき、詳細なタスクリストは別途作って運用することにしましょう。詳細なタスクリストだけでマネージしていくと、やがてそもそも何を達成したかったのか見失ってしまうことがあります。詳細と全体感を行き来して状況の判断が取れるよう、タスクリストとゴールデンサークルの両者を揃えておくようにしましょう。

　なお、仕事を進めていくことで、所与の目的自体が変わっていくこともあります。特に、計画自体を定めにくい探索的な仕事においては最初に設定する目的が仮置きだったり、ややあいまいだったりもします。タスクを倒していくことで、目的がはっきりとしてくる、あるいは方向転換が必要とわかることがあ

ります。こうしたそもそもの目的の変化を捉えるためには、今どのような目的の下で動いているのか、見えるようにしておく必要があるわけです。

タスクマネジメントの基本はPDCA

タスクマネージの基本は、「**PDCA（Plan-Do-Check-Act）**」です。PDCAは、仕事を進めていくための基本のキ。その一方で、探索が求められる仕事では計画駆動のPDCAはそぐわない、という論調もよく見かけます。そうした文脈で対比として挙げられるのが「**OODA（Observe-Orient-Decide-Act）**」です（**図4-10**）。

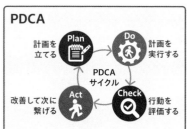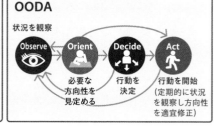

図4-10 | PDCAとOODA

「現代においてはPDCAはもう役に立たず、これからはOODAだ」という説については、確かに当てはまるところがあります。ゼロからのプロダクト作りや、まだこれからアイデアを整理して「顧客は誰か？」と仮説検証を行うような段階で、綿密な計画表を作り、計画通りに実行できているか進捗確認の会議を細かく回すという進め方が合っていないのは明らかです。

この点を踏まえると、答えるべき問いも浮かんできます。つまり、「**これから始める仕事はどの程度探索が求められるのか**」という問いです。目的や目標がどのくらい明確になっているのかによって、探索を必要とする度合いも想定することができます[7]。

PDCAは仕事の基本と述べました。もう少し詳しく言うと、PDCAとは構想を実現するためのすべであり、物事をきっちりと終わらせるための手段です。「PDCAはもう古い」という一面的な捉え方でPDCAを放棄してしまうと、そ

---

7 目的や目標自体があいまいで、不確かであるならばかなり探索的な取り組みとなる。OODAのように状況の観察と判断、これを定期的に行うような進め方が必要となる。

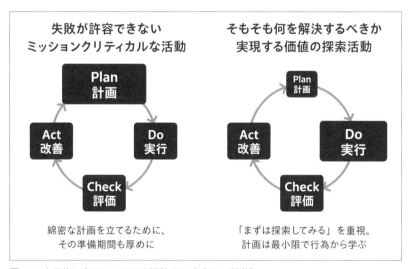

もそも仕事が終わらない、結果が出ないという事態に直面するでしょう。また、1人や2人で仕事をしていればまだよいですが、チームで取り組む場合はゴールデンサークルの必要を説いたように、チームの行動を合わせるための拠り所が必要です。計画は、その拠り所の1つです。**今からどのくらいの時間をかけて仕事に取り組んでいくのか**、というお互いの認識を共通にする役割を果たします。こうした拠り所がないままに、はたして阿吽の呼吸のような仕事ができるのかどうか。多くのチームでは、最初の段階からそうはいかないことでしょう。

　PDCAを捨てる、といった極端な方針を置いてしまうのは、二項対立的なものの見方による弊害です。私たちの仕事の多くは、計画的か探索的か、ゼロかイチで分けられるほど単純なものではありません。度合いでもって、取り組み方を決める必要があります。何か1つを頼みにするのではなく、選択肢を持つようにしましょう。仕事に求められる探索度合いによってPDCAを調整する具体例を示しておきます（**図4-11・図4-12**）。

図4-11 ｜ 目的に応じて、PDCAを調整する（バランス調整）

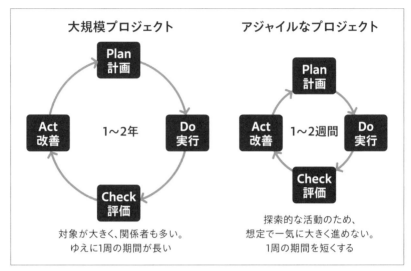

図4-12 ｜ 目的に応じて、PDCAを調整する（タイムボックス調整）

どの程度計画を厚く立てるのか、即興的な行動のほうを重視するのかという「バランス」と、PDCAの1周にかける時間の取り方「タイムボックス」によって、PDCAの調整を行います。目的や条件にあったバランスとタイムボックスをイメージしましょう。

効果的なタスクマネジメントのコツ

タスクマネジメントの効果を高める方法は、大きく3つあります。

- （1）目標および制約条件の明確化
- （2）抜け漏れなくタスクを挙げる
- （3）ムービングターゲットであると認識しておく

（1）目標および制約条件の明確化

そもそも、計画性のある仕事（プロジェクト）とは、目標およびそれを達成するにあたっての制約条件（予算、期間など）で特定した範囲で結果を出すことが求められるものです。先に述べたゴールデンサークルをまず描くこと、そして内容があいまいな場合に明確化に努めることです。そうした活動の中で、目標が一向に明確にならないのに「プロジェクト」として遂行にあたっている場合は、狙いと手段が合っていません。探索的な仕事として、そもそもの目標や制約条件を明確にするための仮説検証や調査を実施してから、本来のプロジェ

クト体制、運営に移行する必要があります（**図4-13**）。

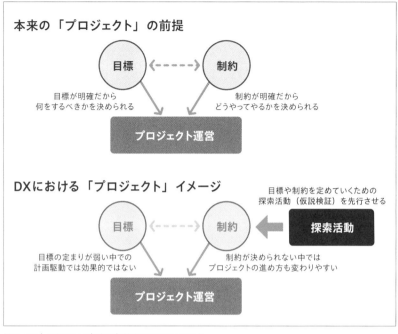

図4-13 │ 目標および制約条件を明確にしていく

　こうした狙い（探索を行うべき段階）と手段（従来型のプロジェクト運営）が一致しないという問題は珍しいことではありません。DXのような探索を必要とする取り組みで、しかし手持ちの手段、ケイパビリティとしては「プロジェクト」的な仕事の進め方しか有していない場合、これまで通りであたるしかなく、ちぐはぐになってしまいます[8]。代表的な例では、「プロダクト」にはそもそも「（あらかじめ想定する）終わり」がない場合が多く、プロジェクトという概念はそぐわないと言えます[9]。

8　この不一致に関係者を含めて気づいていればよいが、「手段を間違えている」という認識が揃っていないことは多い。

9　一方で、「プロジェクト」とは、達成する内容を極めて具体詳細化することで成果をあげやすくする手段であると捉えると、また取り組みようは変わる。プロダクトのライフサイクルの中で「プロジェクト」という有期限を置き、目標を限定することで集中的に期待する結果を出すという考え方を取ることもできる（「オンボーディング UI 改善プロジェクト」や「技術的負債返済プロジェクト」）。

（2）抜け漏れなくタスクを挙げる

　そもそも目的、目標を果たすために必要なタスクが洗い出せている必要があります。要は「このリストをすべて実行できれば仕事を終了にできる」という状況を作れているかどうかです。至極当然のことと言えますが、1つ目のコツで挙げたように、そもそも目的、目標があいまいなまま仕事を始めている（始めざるを得ない）のを踏まえると、結果的にタスクの洗い出しが十分ではないということもありえるわけです。そもそもタスクを抜け漏れなく洗い出すためには、次の方針を持っておくとよいでしょう。

> **方針（1）「チーム」で挙げる** = 1人ではなく、チームの経験を活用する
> **方針（2）「観点」を利用して挙げる** = プロジェクトマネジメントやプロダクトマネジメントの知識体系に沿ってタスクを考え出す

　自力でタスクを挙げていく際、その出処は「自身の経験」に依ります。つまり、仕事や対象の領域についての自身の経験が浅い場合は、そもそもタスクの抜け漏れが起きやすくなります。ですから、自身の限られた経験のみに依らず、「複数人の経験」を活用すること、また「整理された過去の知見」に照らし合わせて、やるべきことを導き出すようにしましょう。プロジェクトマネジメントやプロダクトマネジメントという知識体系が有効なのは、過去からの知見をもとに整理されているため信頼に足る「観点」になりうる点なのです。活用しない手はありません[10]。

（3）ムービングターゲットであると認識しておく

　つまり、目的、目標自体が変わっていくという前提に立つということです。タスクが進んだ結果、状況の理解が深まり、あらかじめ捉えていたつもりだった目的や目標が実は違っていた、変えなければならないということに気づくことがあります。目的、目標が変わっていくとすると、必要なタスクも洗い直す必要が当然出てきます。そのことに気づけていないと、簡単にやるべきことが抜けて後手に回ってしまいます。状況が変わり、目的や目標が変わっているのに以前洗い出したタスクや計画に固執しても結果は出ません。協働の型「場作り」

---

[10] マネジメント知識体系は形式知であり、それだけではリアルな仕事に対応しきれるものではない、という見方はもちろん持っておく必要があるが、一方で、過去からの知見とは「自分自身が直接経験していない内容でも信頼に足りうるもの」と言える。つまり、本来必要な経験時間を他者から拝借できるということである。経験主義は念頭に置いておく必要があるが、過度に行き過ぎて捉えると、過去の知見を活かす手立てを失ってしまう。

を適用し、定期的にタスクの洗い出しタイミングを設置しておきましょう。そうした場で、ゴールデンサークルを用いてターゲットが動いていないかを捉えるようにします（**図4-14**）。定期的な場を利用したゴールデンサークルの点検をチームの習慣にしましょう。

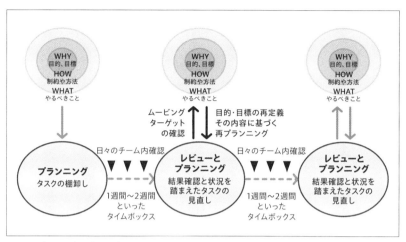

図4-14 | ムービングターゲットを追いかける

最後に、タスクマネジメントの運用イメージをまとめておきます（**図4-15**）。

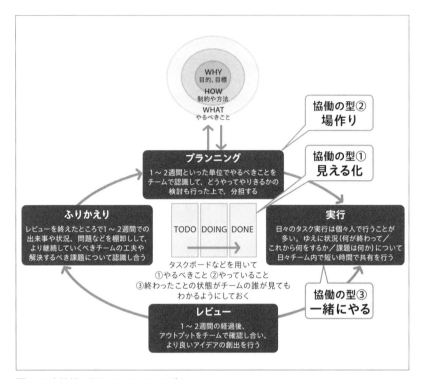

図4-15 協働の型によるタスクマネジメント

<変革戦略>
展開を戦略的に行う

展開のための戦略を立てる

　新たな取り組みが定着していくためには、仕事の進め方に協働の型を取り入れる必要がありました。では、組織の中でさらに取り組みを広げていく「展開」についてはどのようにして進めていくとよいのでしょうか。

　展開は、まさに組織的な働きかけとなるため、変革の戦略として現場や部署横断的に取り組む必要があります。**図4-16**のように組み立てましょう。

①新しい取り組みを伝える先の部署やチームを決める
　（取り組み場所の決定）

↓

②展開先のマネジメント層から現場までヒアリング（展開先について知る）
　「導入施策の課題」ではなく「展開先の課題」について知る

↓

③展開先課題の整理（免疫マップの作成）

↓

④展開の方針を立てる（段階の設計の適用）

↓

⑤展開と変革のトレース（関心の保持）

図4-16 ｜ 展開戦略と遂行

　こうした展開を担うのは誰でしょうか。実際には、誰もが担う可能性があります。本章の冒頭で掲げた「2つの谷」のうち、最初の導入の谷を乗り越えた現場やチームは、その時点では組織内で唯一の実践経験を有していることになります。その知見を組織内に伝播させるために展開上の部分的な役割を果たす、あるいは展開そのものを委ねられることもあります。

　もちろん、展開戦略として挙げている内容のとおり、その遂行には相応の労力を費やすことになります。特段の稼働調整なく、本業のかたわらで片手間で担わせるというラフな取り組み方では、多くの場合中途半端にならざるを得ません。組織として新たなケイパビリティを宿していくことが目的なのですから、展開は組織的な活動として行うべきです。DX推進の専任部署や、情報システム部門が展開戦略の担い手となり、実践経験済みの現場やチームの協力を得るという構図が本来的でしょう。

　それでは、展開戦略の中身について1つ1つ追っていきましょう。ツールやプロセスの導入を行う場合、その使い方・導入のための説明会や勉強会を開く――

そのこと自体はもちろん必要ですが、そうした会を開くだけでは、するすると広がっていくということにはならないでしょう。新たな取り組み、施策を打っていくのは、あくまで働きかけ側の関心であり、それを受け入れる側が同じように好意的に興味を持っているとは限りません。むしろ、これまで慣れ親しんだツールや方法を変える、新たな仕事を増やすようなことと、ネガティブに捉えられることのほうが多いでしょう。新しいツールやプロセスを使いこなせるかという技術課題ではなく、現状を変えたくないという適応課題が起きていると認識しましょう。まず、やるべきことは、一斉に説明会を開くことではなく、相手の関心を聞くヒアリングです。

展開先のヒアリングは、実際に施策に取り組む現場だけが対象ではありません。現場のマネジメント層も含めて行いましょう。現場が新たな取り組みに関心を持ったとしても、マネジメント側が別の理由でその取り組みに積極的になれない、むしろ阻害するほうに動いてしまうことがありえます。

たとえば、アジャイル開発に部署として初めて取り組むとなると、様々なリスクが思い立つはずです。不慣れな方法によって、失敗する可能性を高く感じられることでしょう。一時的に以前に比べて生産性を落とすことも考えられます。だからこそ、現場やチームだけではなくそのマネジメント層から懸念や捉えられている課題感をヒアリングし、決して一方的に新たな施策を押し付けるのではなく問題にともにあたるスタンスが大切です。

また、導入に伴う課題に終始しても、結局手段そのものの良し悪しの評価に偏ってしまい、表面的な判断を下しがちです。展開する現場側の問題を明確に特定せずに、手段を先に論じようとすると「当てはめる先がない」「これは必要な解決策ではない」と、やんわりと「お断り」になるのです。あくまで、こちら側の都合や意図優先ではなく、「課題ファースト」で取り組む必要があります。そのために、取り組み側の現場や組織が抱えるそもそもの課題を展開の入り口にしましょう。焦点を「導入時の課題」に置くのではなく、あくまで「現場や組織が抱える課題」に置いて、取り組みの目的を揃えられるようにするのです。

もちろん、課題について漠然とヒアリングするのではなく、解決できる課題は導入するツールやプロセスによって限定されるわけですから、ある程度課題テーマを絞って話を聞くようにします。たとえば、先のアジャイル開発の例で言えば、ヒアリングする課題テーマは「チームによる仕事の進め方」「システム

開発における変更への対応」などを挙げるとよいでしょう。

　そして、ヒアリングによって現場およびマネジメント層の課題が捉えられたら、その整理を免疫マップ[11]で行いましょう（**表4-1**）。

表4-1　免疫マップ

改善目標	阻害行動	裏の目標	強力な固定観念
達成したいこと・叶えたいこと	目標達成を邪魔している要因	阻害行動を取ることで自分にあるメリット	裏の目標を持つに至っている固定概念
例) 個人商店ではなくチームでの仕事に取り組みたい。それによって、過度な属人性に依存しないようにする	例) 仕事を早く仕上げる必要があり、今までどおり個人で仕事を完結してしまう	例) チームで仕事に取り組んでも時間ばかりがかかってしまい、結果的に間に合わない。個人で取り組むことで仕事を間に合わせる	例) 仕事で失敗したら責任を問われるのは自分

　こうした整理によって、取り組み側で発生する思考や行動のパターンが見えてきます。例に挙げた状態では、いかにアジャイル開発のプロセス的な説明を詳しく行ったところで、現場が取り組み始めることはないでしょう。この例に限らず、新たな取り組みはそうすんなりと結果が出るものでもありません。挑戦には失敗がつきものです。ですから、失敗が許容できる状況を作り、また大きな致命的な失敗へと発展しないよう段階的な取り組み方を立てる必要があるわけです。展開の方針立案には、「段階の設計」を用いましょう（**図4-17**）。

11 以下の書籍で提示されている、整理のためのフレームワーク。
　　○『なぜ人と組織は変われないのか──ハーバード流 自己変革の理論と実践』ロバート・キーガン、リサ・ラスコウ・レイヒ　著／池村千秋　訳（英治出版、2013）、ISBN 978-4-86276-154-5

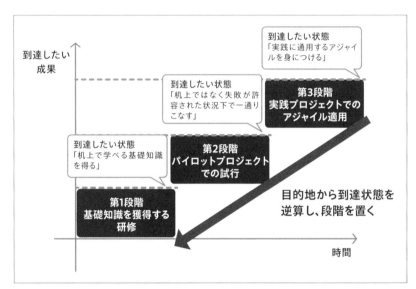

到達したい状態
「実践に通用するアジャイルを身につける」

第3段階
実践プロジェクトでの
アジャイル適用

到達したい状態
「机上ではなく失敗が許容された状況下で一通りこなす」

第2段階
パイロットプロジェクトでの試行

到達したい状態
「机上で学べる基礎知識を得る」

第1段階
基礎知識を獲得する
研修

到達したい
成果

目的地から到達状態を
逆算し、段階を置く

時間

図4-17｜段階の設計で展開の方針を立てる

　取り組み側の部署やチームにとっての「到達したい状態」を描き、そのために必要となる各段階を理想状態からの逆算で洗い出しを行います。もちろんこの構想自体を新しい取り組みを伝えていく側と、それに取り組む当事者の両者で行う必要があります。各段階に到達するイメージを取り組む側が持てなければどうにもなりません。

　段階の設計では、特に時間軸に留意する必要があります。当然、期間が短ければ短いほど、現場に求められる変化量は短期間で多く求められ、傾きが強くなります。これは、取り組みに際して相応の負荷を求めることになります。期間の設定は、まず小さく始めて、取り組んだ結果から次の段階を再設計する、というスタンスを取りましょう。想定で計画を組み上げて、どうにかして現実を計画に合わせるのではなく、小さくとも実施したその結果を頼りに、段階を構想し直します（**図4-18**）。現実からのフィードバックを計画に織り込むのが、段階の設計の要です。

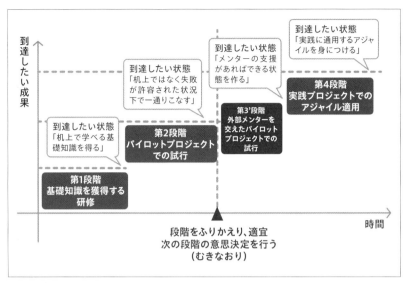

図4-18 段階の変更を織り込む展開戦略の例

このように、展開には時間を要することがほとんどです。取り組みが長期化すると段々と着地が見えづらくなり、継続しなくなる可能性が十分にあります。こうした展望に対して働きかけ側からは何ができるのでしょうか。それはごく基本的なことで、**「関心」を持つ**ことです。取り組む部署やチームに対して、段階の設計まで行い、あとは任せたと丸投げにして放り出してしまうのではなく、その後変化がどう進展し継続しているのかをトレースするのも役割と考えましょう。定期的に状況のヒアリングと同期、展開上の課題を捉えて一緒に解決策を考える——そうした関心を持たれること自体が、取り組む意思を繋ぎとめることになります。誰からも関心が持たれない活動が継続することはありません。

展開のための型をつくる

展開のための方針を立てて、その変革をトレースする。そうした展開戦略とは別に、導入を上手く進めるための戦術レベルの工夫があります。それは、**型**を作って臨むことです（**図4-19**）。施策を広げるためには、中身を受け止めて、動き出しやすくするための足がかりが必要です。

①最初の入り口に立つための内容に絞る

あまり厚くしすぎない。重厚なマニュアルを渡されても受け止められず、理解もされない。あくまで最初の取り掛かりができる内容に留める[12]。

②Before/After（何が変わるのか）を示し、よくある課題の乗り越え方を示す

新たな取り組みではこれまでのやり方との対比で考えることが多く、その差分をどうやって埋めるかが課題となりやすい。ゆえに、①で代表的なBeforeとAfterを示し、その差分の乗り越え方を示すのがよい。

③やってはいけないことの定義

やるべきことは①で示せる。一方で、新たな取り組みほど、どうなれば失敗するのかがわからず、何をどこまでやってよいか判断がつかないことが多い。ゆえに、TODOではなくNOT TODOのパターンを示す。

図4-19 型=ガイド作り

　型とは、あくまで足がかりとしてのガイドであり、ひいては実際に取り組むことで現場やチームに身につく習慣のことです。そして、ガイドとは網羅性を高めたマニュアルや標準の類いでもありません。そうしたものは「このとおりにやればよい」という、ある意味での安心材料になるかもしれませんが、往々にしてとてつもない分量になりがちです。実際のところ、適用を試みる当事者が理解できる分量でなければ意味がありません。むしろ、下手に形式知化、言語化されているだけに、いちいち確認や照らし合わせが必要となり、遅々として状況が進展しないこともあります。ガイドはあくまで、最初の一歩を踏むための「手引き」です。

　たとえば、アジャイル開発の「ガイド」としては、内閣官房情報通信技術（IT）総合戦略室の『アジャイル開発実践ガイドブック』[13]が挙げられます。分量としては30ページ程度であり、まさしく足がかりのための内容としてまとめられています。

　一方、働きかける側としてもガイド作りは最小限から始めるべきです。事前にルールを決めすぎると、少し考えてみれば正しく判断できることでも「ルールにある以上守る必要がある」と、取り組む側の動きを硬直的にしてしまうと

---

12 スクラムガイドも実に20ページほど内容でしかない。このくらいの分量を目安にしよう（もちろん少ないに越したことはない）。

13 https://cio.go.jp/sites/default/files/uploads/documents/Agile-kaihatsu-jissen-guide_20210330.pdf

ころがあります。かえって取り組み方の融通が利かず、失敗に終わる可能性があります。ですから、ガイド自体も最小限から始めて、取り組み側の進みと必要性に応じて、少しずつ内容を充実させていくアジャイルなアプローチを取りましょう**14**。また、こうしたアプローチに立てば、ガイドを作りっぱなしにすることにもならないでしょう。

　さて、ガイドが最初の一歩のためのものとしたら、次の一歩に向けてはどうしたらよいのでしょうか。展開のための支援は2軸で立てましょう。

　　（1）**環境支援**：ガイドを作りメンテする、説明会・勉強会、相談の窓口設置
　　（2）**伴走支援**：直接的な働きかけ〜プロジェクトや仕事への参入
　　※共通するのは、両支援とも「作り込み」すぎない。段階的な取り組みを
　　　行うのだから、支援もその段階に合わせる。

　伴走支援として直接的な働きかけ、つまり実践にあたっての「お手本」を示す必要が出てくるでしょう。お手本を示すには相応の裏打ちされた経験が求められます。働きかけ側にすでに十分な経験があれば、直接的に示すこともできますが、そこまで到達していない場合には、外部から手本となりうる専門家を招聘するなどの作戦も必要となります。試行錯誤はもちろん必要ですが、働きかけ側も、取り組み側も、頭の中がクエスチョンマークだらけでは、現場が混乱していきます。失敗はつきものとはいえ、不用意に致命的な失敗にまで至ると、組織として二度と取り組まないという烙印を押されかねません。組織の判断をミスリードしないよう、打てる手を講じるのも変革戦略の役割です。

---

14 最初のガイドは、どうやって作るべきか、展開側が実際にやってみて、その結果のふりかえりから、型作りを行うようにしたい。机上のみで作ったガイドでは、実行性が担保されていない。

DIGITAL
TRANSFORMATION

JOURNEY

第5章　探索のケイパビリティの獲得

探索のケイパビリティの獲得

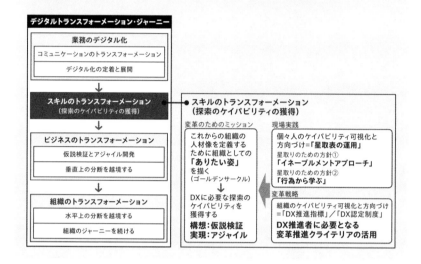

◤ <変革のためのミッション> 組織としてのこれからのありたい姿を描き、 探索のケイパビリティを獲得する

探索と深化の関係

　ここまでコミュニケーションのあり方を中心とした最初のDXについて解説してきました。業務のデジタル化という範疇としては、コミュニケーションというテーマはその一部にすぎません。ですが、まず人と人との迅速で的確な意思疎通が成り立つように、基本的なコミュニケーションのトランスフォームを先立たせる必要があるわけです。コミュニケーションの変革以降、既存業務をより効率的、効果的にカイゼンするためのデジタル化は引き続きの活動となりますが、対象が既存業務なのか新規事業なのか関係なく、トランスフォーメーション・ジャーニーを進めていくためには、探索能力の組織的な獲得が求められることになります。

　探索を必要としない、やるべきことが明確な業務における「カイゼン」の必要性がDXの範疇で挙げられることもありますが、こちらはそもそも通常業務

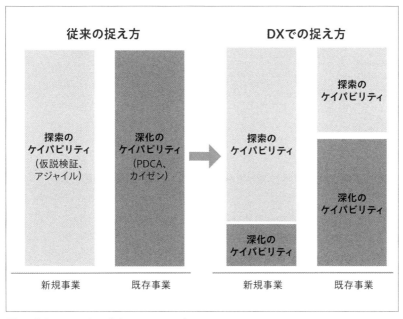

の中で進めていくべきテーマです。DXを掲げながらその実よくよく捉えると従来業務のカイゼンに留まる内容になってしまっていないか、掘り下げておきましょう。

　「DX」という命題の下で取り組むことは、これまで取り組めてこなかった「新たな価値」の提供であり、その本質は「新たな顧客体験の創出」なのです。こう考えると、対象が新規事業なのか、既存事業なのか関係なく、探索のケイパビリティが必要になるというわけです。新規か既存かの違いは、その度合いに現れると言えます（**図5-1**）。

図5-1 │ 必要とするケイパビリティのイメージ

　「深化と探索の度合い」は、1つ重要な観点となります。第2章で「両利きの経営」について触れました。新規の取り組みには探索、既存の取り組みには深化を可能とする組織能力が求められ、適切に領域を分けた上での連動によって組織的な強みを成すというのがその考え方です。最初に出島を作るための背景として必要な構想ではありますが、2020年以降のコロナ禍が示したのは既存業務自体の見直し、オンライン・リモート環境への適応であり、既存事業における新たな業務設計、検証の必要性であったわけです。新規既存と探索深化を単純にマッピングしただけでは、状況への適応は表層的となります。必要なのは

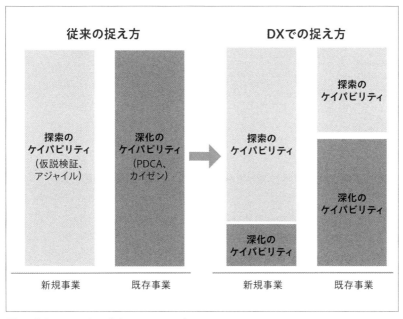

図中テキスト：

従来の捉え方　　DXでの捉え方

探索の
ケイパビリティ
（仮説検証、
アジャイル）

深化の
ケイパビリティ
（PDCA、
カイゼン）

探索の
ケイパビリティ

深化の
ケイパビリティ

探索の
ケイパビリティ

深化の
ケイパビリティ

新規事業　　既存事業　　新規事業　　既存事業

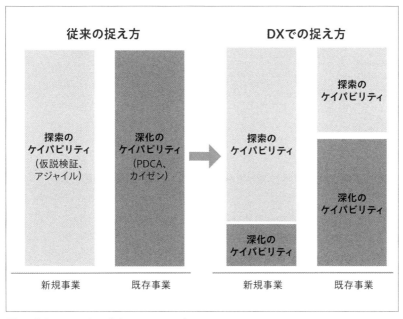

探索と深化の両者をどのような度合いでもって臨むかと言えます（**図5-2**）。

		探索優位の局面		深化優位の局面	
		割合のイメージ	探索・深化の方針	割合のイメージ	探索・深化の方針
新規事業		探索ケイパビリティ	**[探索]** いわゆる事業開発の0→1の局面において求められるのは仮説検証とアジャイル開発 **[深化]** ただし、チーム運営の観点から「小さく速いPDCAサイクル」を取り入れて1つ1つの活動のやりきり力を高める	深化ケイパビリティ	**[深化]** 1→10、10→100へと局面が進むにつれてビジネスモデルとそのオペレーションは確立していく。求められるのはカイゼン **[探索]** ただし、カスタマーサクセスの観点から硬直的なサービス提供ではなく、あくまで俊敏な意思決定と行動サイクルが必要
		深化ケイパビリティ		探索ケイパビリティ	
既存事業		探索ケイパビリティ	**[探索]** 顧客や業務の再定義を行い、それに適したサービスのあり方を決めるべく仮説検証を行う **[深化]** ただし、顧客に提供する価値をゼロから見直すことまでは行わない。延々と探索を続けないように線表での全体管理を行う	深化ケイパビリティ	**[深化]** 業務の再定義後は磨き込みになる。求められるのは、確実なPDCA **[探索]** ただし、業界環境や顧客の変化によって前提や状況が変わっていることを検知し適応する必要があり、クォーター単位でのふりかえり・むきなおりを継続する
		深化ケイパビリティ		探索ケイパビリティ	

図5-2 | 深化と探索の度合い

新規事業であっても、探索が求められる初期の段階から先は創出したビジネスモデルを磨いていく段階へと入っていきます。ビジネスモデルの前提や条件を一気に固定化することはありませんが、顧客の増加や利用継続の強化など、グロースを意識した取り組みを反復的に手がけていくことになります。少しずつ最適化のための深化が求められるわけです。

また、より解像度を上げていくと、探索と深化は明確な「フェーズ」に分けられるものでもありません。確かに、0→1から1→10へと移行するところで、ビジネスが前提として置く領域は大きくなります。0→1は「そもそも価値とは何か？」を探索する必要があります。一方、1→10では「価値は何か？」の問いは基本的には終わっており、何が価値かがわかったので、その価値の最大化を目指す段階へと入ることになります。置いている前提が大きく異なります。ただし、これをもってすなわち、深化フェーズに入れば探索能力が不要になるかというとそうではありません。根本的な価値設定が変わることはないとしても、価値を最大化するために顧客にどのようなプロダクトやその機能性を提供していくべきなのかという実験は続いていきます。

このように、実際には探索と深化を明確に分けて捉えて運用できるものではなく、事業作りにおいては度合いはあるものの、その全般にわたって探索能力が必要になると言えます。さらに言うと、事業の局面に応じて探索と深化を適切に使い分ける対応能力が求められるということです。これを「**適応のケイパビリティ**」と呼ぶことにします。

　　適応のケイパビリティ ＝「深化」と「探索」のケイパビリティをその度合いでもって、状況に応じて適切に使い分ける能力。

　多くの組織は、これまでの事業運営において、深化のケイパビリティを磨いていくことに注力してきたわけです。これから先のトランスフォーメーションを進めるにあたって必要なのは探索のケイパビリティの獲得です。ただし、獲得のための組織的な取り組みを始める前にこれからの組織が目指す「ありたい姿」を見定めておく必要があります。そうでなければ、何をどの方向に向かって探索を始めるのか、そもそも踏み出す先がわからないままです。

これからの組織のあり方を探索する

　DXの組織支援を手がけていると、「DXで新たに求められる人材像を定義したい」という相談が比較的多くあります。DXを推進していくにあたって、どのような人材が求められるのか、人材像を定義すること自体に難しさを感じるのは無理もありません。なぜなら、DXとは組織の新たなあり方を形作る取り組みだからです。つまり、「DXで新たに求められる人材とは？」という課題設定は、「新たな組織像に必要な人材とは何か？」を問うているのと同じなのです。そもそもの組織の方向性、その具体としての事業活動が想定できなければ、そこに求められる人材像もイメージできません。ですから、人材像を定めるにあたっても、「これからの組織のあり方」の想定を先立たせる必要があるのです。組織の新たなあり方を見定めること自体が容易なことではありませんが、ここをぼんやりとさせたままにはできません。これから組織が目指す姿があるからこそ、その実現のためにDXに取り組むわけです。間違っても「DXする」ことが先にあって、目指すべきあり方を見失っている、という状態は避けなければなりません。

　あり方の策定とは、その組織の今後の舵取りそのものです。多くの組織でもちろん経営が担うところですが、組織に所属する人それぞれにおいても「ありたい姿」について思い巡らせるべきです。組織の当事者として1人ひとりがそ

れぞれの**ゴールデンサークル**を描く機会としたいところです（**図5-3**）。

描くのは「これまで」と「これから」

DXとは「**これからのゴールデンサークル**」を見出す活動。
ただし、「**これまでのゴールデンサークル**」を踏まえなければ、どこの会社でも通用する、上っ面の内容にしかならない（他ならぬ自社が取り組むべき理由がない）。

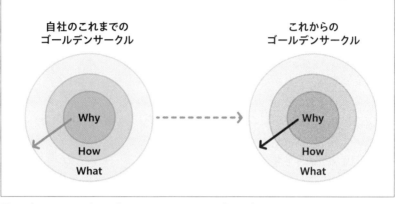

図5-3 │ これまでのゴールデンサークルとこれからのゴールデンサークル

　「これまで」のゴールデンサークルを描くと、「これまで」に引きずられてしまって、「これから」を上手く描けない恐れがあります。この点に留意したファシリテートが必要なのはもちろんですが、一方で「これまで」を捉えることによって逆に、これからの姿が「これまでどおりになっていないこと」、「これまでの延長、拡張になっていないこと」を比較によって見定めることができます。**「このままにしない対象」が何なのか**、明確になるということです[1]。

　「これから」のゴールデンサークルを描く際には、「これまで」のゴールデンサークルを出発点として、当事者の思い（ありたい姿）を乗せるようにします。実際には、これからのゴールデンサークルとして何を目指すのか（WHY）は、経営が示しているところがあるはずです。単に、与えられたWHYをそのまま受け止めて終わりにするのではなく、自身の考える「ありたい姿」によって「これまで」から「これから」へと至れるのかを見定めます（**図5-4**）。

1　同時に「変えずに残すべきもの」も捉えられる。

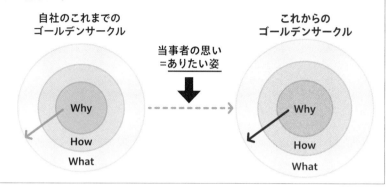

当事者の思い（ありたい姿）を乗せる

「これまで」を踏まえるとは、これまでの判断、事業内容をそのまま引きずることではない。**DXに取り組む当事者の思い**を加える。
「**これまで**」の強み、良さ、ならではを今を生きる当事者が解釈し、「**これから**」を想像・創造する。

自社のこれまでの
ゴールデンサークル

当事者の思い
＝ありたい姿

これからの
ゴールデンサークル

Why
How
What

Why
How
What

図5-4 | 当事者のありたい姿を乗せる

これからのゴールデンサークル作りは、他者の力（視点）も借りて深めていくようにします。同じチームや部署内、場合によってはマネジメント層との対話の機会を設け、これからのゴールデンサークルのWHYが目指すところやどのようにして到達するのかなど、深く掘っていきましょう。1人だけでは、それまでの自分の見方、経験がこれからを想像する上での限界になりやすく、深みや広がりが得られないこともあります。同じ組織の他者だけではなく、異なる組織や業界の掲げる組織の方向性なども見聞に取り入れましょう[2]（**図5-5**）。

---

2 他組織がどのような方向性を掲げているかは、DX銘柄の事例から垣間見ることができる。
https://www.meti.go.jp/press/2021/06/20210607003/20210607003.html

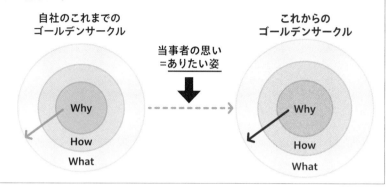

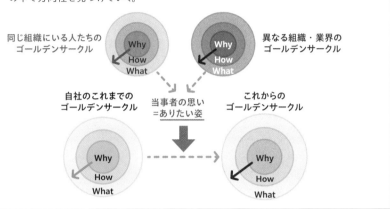

自分の中の「ありたい姿」を育てる

急に「ありたい姿」が思い浮かぶわけではない。
組織の中にいる人たちとの**対話**や、他組織・他業界の**ストーリー**に触れることで、自分の中で方向性を見つけていく。

同じ組織にいる人たちの
ゴールデンサークル

Why
How
What

Why
How
What

異なる組織・業界の
ゴールデンサークル

自社のこれまでの
ゴールデンサークル

当事者の思い
=ありたい姿

これからの
ゴールデンサークル

Why
How
What

Why
How
What

図5-5 他者や他社との対話で自分たちの中のありたい姿を育てる

　なお、個々人が組織の当事者として「ありたい姿」を考えるにも何らかの足がかりが必要となるでしょう。**図5-6**の3つの問いに答えるところから始めてみましょう。

(1)自分はなぜここにいるのか?
−何を成すために、この組織へ来たのか?
−あなたが成し遂げたいことは何なのか?

(2)私たちは何をする者たちなのか?
−誰をどのような状態にするのか?
−自分たちの何がそのことに貢献するのか?

(3)そのために何を大事にするのか?
−前提となるマインドセットや能力
−必要となる活動や働きかけ

図5-6 ありたい姿を深掘りするための3つの問い

　最初の問いは、個人のWHYから始まります。いきなり組織やチームのWHYから捉えようとしたところで、自分自身の思いと接続しなければ、表層的なものになってしまいます。自分の思いを掘るところから始めるようにします。その上で、2つ目の問いは、組織またはチームとしてのWHYです。自分たち自身

の定義を試みることで、本来何を成すべきなのかを見つめ直し、自身の視界を広げるきっかけになります。最後の問いで、WHY実現のために何を必要とするのか、マインドから能力まで広義のHOWを捉えます。このHOWが、組織として獲得するべき能力に繋がるわけです。

探索に必要な「構想と実現」=「仮説検証とアジャイル開発」

組織の方向性が明らかになり、また自分ごととして捉えられてこそ、どこへ向かって探索を始めるのか、踏み出し先を得られることができます。より具体的に組織が備えるべき探索能力とは何かを掘り下げていきましょう。まずは大きく、「**構想**」と「**実現**」する能力に分けることができます。

構想力とは、どのような顧客にとって何が価値となるのか等についての仮説を立て、さらに検証に取り組み、その結果でもって中身の確からしさを高めていく能力のことです。実際には、構想するだけでは一向にアウトプットが生まれず、結果に繋がりません。結果が出ないままの構想とは、現実のフィードバックが反映されないまま思い描き続ける「妄想」にしかなりえません。構想と対をなす実現力が問われることになります。

実現力とは、描いた構想のうち特に重要な箇所から確実に形にしていく能力で、過剰な品質で作りすぎることも、また逆に粗すぎて肝心の用をなさないということもなく、必要にして十分なアウトプットを現実に届けることへのコミットメントを支えます。ただし、実現力だけがあればよいわけでもありません。実施すること、作ること自体が目的化し、探索領域に適したスタンスからかけ離れてしまいかねません。構想と実現、この2つの能力がかみ合うことが要点です。

こうした構想と実現に相当する能力の必要性は、過去のIPAの調査結果からも伺い知ることができます（**図5-7・図5-8**）。

アンケートからみる人材の不足状況と充足方法

・プロデューサー、ビジネスデザイナー、アーキテクト、データサイエンティスト/AIエンジニアは、いずれも大いに不足という回答が過半数を超える結果となった。

・一方で充足方法を見ると、特にプロデューサーとビジネスデザイナーの2つの役割は既存の人材からの育成が8割を超えており、社内での育成が必要だが、育っていない現状を示していると考えられる。

人材の呼称例・イメージ	人材の不足状況				充足方法(複数回答)				
	大いに不足	ある程度不足	それほど不足ではない	回答件数	既存の人材から育成	連携企業等から補完	中途採用により獲得	新卒採用により獲得	回答件数
プロデューサー(プログラムマネージャー)	47件 (60.3%)	19件 (24.4%)	12件 (15.4%)	78件	35件 (83.3%)	7件 (16.7%)	22件 (52.4%)	4件 (9.5%)	42件
ビジネスデザイナー(含むマーケティング)	46件 (58.2%)	23件 (29.1%)	10件 (12.7%)	79件	37件 (82.2%)	10件 (22.2%)	20件 (44.4%)	5件 (11.1%)	45件
アーキテクト	44件 (56.4%)	20件 (25.6%)	14件 (17.9%)	78件	26件 (61.9%)	14件 (33.3%)	23件 (54.8%)	5件 (11.9%)	42件
データサイエンティスト/AIエンジニア	47件 (61.0%)	16件 (20.8%)	14件 (18.2%)	77件	23件 (56.1%)	17件 (41.5%)	24件 (58.5%)	6件 (14.6%)	41件
UXデザイナー	35件 (45.5%)	23件 (29.9%)	19件 (24.7%)	77件	22件 (52.4%)	17件 (40.5%)	24件 (57.1%)	5件 (11.9%)	42件
エンジニア/プログラマ	33件 (42.3%)	27件 (34.6%)	18件 (23.1%)	78件	22件 (53.7%)	20件 (48.8%)	22件 (53.7%)	9件 (22.0%)	41件
その他	5件 (7.6%)	2件 (3.0%)	59件 (89.4%)	66件	9件 (60.0%)	5件 (33.3%)	5件 (33.3%)	4件 (26.7%)	15件

凡例
水色：50% 以上

凡例
水色：50% 以上、うち白字は80% 以上
濃い青：一番多い充足方法
　　　　(同率の場合は両方塗る)

出典：デジタル・トランスフォーメーション推進人材の機能と役割のあり方に関する調査（IPA）、p.123
https://www.ipa.go.jp/files/000073700.pdf

図5-7 ｜［IPA調査結果］アンケートからみる人材の不足状況と充足方法

人材に関するインタビュー：役割別スキル・マインド

①プロデューサー（プログラムマネージャー）

【現状を変えたい思考】
- 危機感と言うよりは、現状に疑問を抱く、「合理的な思考」をする人が向いている。DX人材は「現状を変えたい欲求」を持つ人材が多い。
- ディスラプティブな発想・思考をいつも持っている。
- 新しいことへのチャレンジが出来ること。

【諦めない力 やりきる力】
- 最後までやりきることが出来ることが必要。いくらアイディアが浮かんでビジネスモデルを組もうが、ビジネスとして成り立つまで走り回りやりきる「情熱」がないといけない。
- 組織は現状を維持しようとする慣性力を持っており、自然に変わっていくことは期待できない。社員ひとりひとりの意識を変えさせていくためには、闘争心などのエネルギーが必要となる。何か新しいことをしたいという意思のエネルギーを持つ人は多いが、成功までに多くの時間や失敗の痛みを伴う活動である。そのため持続性を持った人でないと実行できないが、そのような人材はとても少ない印象。

【柔軟なプロジェクトマネジメント能力】
- アジャイルやスクラムの実践研修を行っている。
- 必要なスキルは様々なプロジェクトのマネジメント能力である。PoCで当初の狙いからピボットしていくケースは多く、計画を修正しながら成果に行き着くこともある。

【リソースマネジメント能力】
- PMやその配下のメンバーは事業スケールに応じて増やしていく必要がある。
- 複数走っているプロジェクトの中でのリソースの優先順位付けが必要。

「**実現**」

②ビジネスデザイナー（含むマーケティング）

【新しいビジネス企画力・推進力】
- 新しいビジネスを作ることを実践する研修を行っている。
- 外部からビジネスを作れる人材を連れてくることもある。
- 「顧客の受容性」を得られる取組はいくつかあるが、ビジネスの将来像を描いていくことが難しい。実証実験後に事業として活動するためには、コンサルや他業種によるサポートの検討が必要である。
- これから起こる行動変化に目を向け、変化を先読みし、他社より先にいく力。

【巻き込み力/調整力】
- 相手の意見を聞く能力も必要。個人の意見・考えをもつことも重要であるが他人の意見を聞かないとDXが起こせない。他領域とのコラボレーションを実施することでDXが起こるため、お互いに尊重し合い、調整する能力も必要となる。
- ポジティブ志向を持ち合わせており、協業して実施するような仲間を作る能力が必要となる。変革していくには、一人では出来ず協業する仲間の関係性を築いていくことになる。
- 人事がアサインするということではなく、周囲を巻き込んで、自然と人が集まって、事業が立ち上がる。なかったものを作るためには、新たに人を集めるしか方法がない。みんなが動かなければ、その事業は立ち上がらない。

【失敗を恐れず、固執せず、糧にできる力】
- 失敗したら、既存組織に戻ってまた活躍すればいい。ずるずると惰性で続けるのは良くない。
- 変わりたいということで先頭は走る者は、失敗を恐れてはいるが、成功することも早い為、成功を積み重ねることで人材として育成されていく。

「**構想**」

出典：デジタル・トランスフォーメーション推進人材の機能と役割のあり方に関する調査（IPA）、
p.124、図内の見出しの罫線／「実現」「構想」の文字は著者によるもの
https://www.ipa.go.jp/files/000073700.pdf

図5-8 ｜［IPA調査結果］人材に関するインタビュー：役割別スキル・マインド

　調査結果でいう「ビジネスデザイナー」が構想側、「プロデューサー」が実現側に近い役割と言えます[3]。ビジネスデザイナーとは、その名前のとおり、新し

3　なお、その後、以下のIPA調査結果では、「プロデューサー」が「プロダクトマネージャー」に置き換わっている。プロデューサーの代替と捉えるならば、構想の実現を担う役割になる。実際には、プロダクトマネージャーとはプロダクトの構想と実現両者を担うものである。
　○「デジタル・トランスフォーメーション（DX）推進に向けた企業とIT人材の実態調査」報告書詳細編（IPA）、p.29「参考：人材タイプ別の重要度」
　https://www.ipa.go.jp/files/000082054.pdf

いビジネスを企画し、推進する責務の下、組織内の巻き込み、適宜必要な調整を担う役割と言えます。"失敗を恐れず、固執せず、糧にできる力"とは、事業をリーンにスタートアップするためのマインドとも通じています。

一方、プロデューサーに求められるのは、"諦めない力／やりきる力"であり、ここが問われるのは構想を実現していくにあたり直面する数々の困難を乗り越えていく姿勢が求められるからです。ただし、実現すること自体が目的とならないよう、"柔軟なプロジェクトマネジメント能力"が合わせて前提となります。マネジメント色が強い役割ですが、その中身は昔ながらの硬いマネジメントスタイルではなく、硬軟あわせ持つことが期待されていると言えます。なお、あくまで2つの役割は「構想」寄り「実現」寄りという分け隔てであり、実際にはプロデューサーが構想力を必要としないわけでも、ビジネスデザイナーが実現性を無視して屏風にトラを描いていればよいわけでもありません。

いずれの役割も、多くの企業でDXを進める上で不足を感じており、その育成の必要性があるという認識に立っていることが見て取れます。何かを構想するために周囲を巻き込み、多様な意見をくみ取りアイデアを固めていくことや、実現の基礎となるやりきる力などは、まさしくあいまいな条件や情報を抱えながら進めていくDXには前提として必要となるところです。ただ、探索能力として必要なのは、より不確実な状況や展開に適応するためのすべです。特に仮説検証とアジャイル開発を担う能力が探索の両輪となります（**図5-9**）。

探索能力 ＝ 構想する力 ＋ 実現する力
＝ ①仮説検証 ＋ ②アジャイル（開発）

①**仮説検証**とは、確実なことが言えない状況下で、顧客とその課題や要望、さらにはソリューションについての仮説を立てる能力。また、その確からしさを検証する能力。

②**アジャイル**とは、調査や検証結果から得られた学びをもとに、着実に事業やプロダクトとして形作っていく能力。またその過程において得られる発見やフィードバックに適応する能力。

図5-9 │ 探索能力 ＝ 仮説検証 ＋ アジャイル（開発）

確かな計画や事前の定義ができないような状況、事案について拠り所となるのは、自ら情報を増やし、学びを得ることです。確かな判断ができないのは、そのための情報が不足しているためと捉えると、仮説検証とは必要な情報、手が

かりを得るための活動と言えます。そうして得られた情報から、次の判断、行動を的を射るものとする——自分たちが持つ目的や狙いに適した考え方と動き方を得るための手段が仮説検証というわけです。ただし、そう簡単に十分な理解が一気に得られるわけではありません。仮説検証もまた、アジャイル開発と同様に漸進的なアプローチとなります（**図5-10**）。

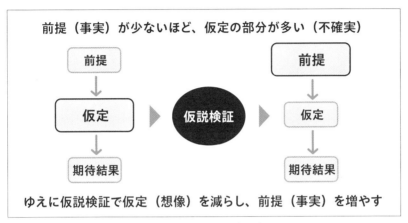

図5-10│仮説検証とは仮定（想像）を減らし、前提（事実）を増やすこと

　一方、アジャイル開発は何のために必要とされるのでしょうか。探索が求められる状況下での「実現」とは、事前に明確に描いたプランをそのままいかに早く、確実に形にするか、を問うものではありません。そもそも事前に明確にプランを描くことができないからこそ、探索なのです。たとえ、仮説検証を経ていたとしても構想の隅々まで確信するまでには、至れない場合がほとんどです。ですから、形作ること自体を漸進的に取り組む必要があるわけです。漸進的に形作ることによって、また新たな気づきを得る、そうして必要なフィードバックをプロダクトや事業に適用する、こうした進め方が期待されます。探索型の事業、プロダクト作りでは、アジャイルな仕事の進め方が前提となるのです。

　実際には、仮説検証とアジャイル開発の間には連動が必要となります。構想について検証し、そこから得られた結果、学びを形作るためには、当然両者がかみ合う必要があります。この両者の連動を**仮説検証型アジャイル開発**と呼んでいます。仮説検証型アジャイル開発の具体的な内容については、次の第6章で解説します。

　仮説検証とアジャイル開発は、1つのチームで取り組めるようになることを目指しましょう。チーム内の誰もが仮説検証もアジャイル開発も担えることが理想ですが、チーム作りの最初の段階では仮説検証を担うメンバー、アジャイル開発を担うメンバーと、それぞれ役割を定義して分担するのが現実的です**4**。仮説検証とアジャイル開発について具体的に求められるスキルを確認しておきましょう（**図5-11**）。

仮説検証に求められるスキル

・**仮説を立てる**
必要十分な観点に基づく仮説の立案。仮説を立てるためにはデータを収集し読み解くすべ、アイデアを獲得し整理するすべも必要となる

・**検証する**
知りたいことに基づいて適切な検証手段が選べる

・**解釈する**
検証結果をバイアスに惑わされることなく評価できる

・**仮説検証のプランを立てる**
ターンアラウンド(後述)を意識した探索的な計画作りができる

・**チームや関係者のマネジメント、合意形成**
メンバーや関係者を巻き込み、方向性を整える

アジャイル開発に求められるスキル

・**協働でゴールに向かうためのファシリテート**
主にプロセス面に関するスキル。スクラムチームの運営、スクラムの遂行を中心として、見える化や透明性の確保からチームの自己組織化を促すためのファシリテート、コーチングスキルが問われる

・**高速で石橋を叩きながら渡る技術力**
主に技術面に関するスキル。継続的インテグレーション、継続的デリバリ、テスト駆動開発、リファクタリングなど基本的なプラクティスを実践できるスキルが問われる

図5-11｜仮説検証とアジャイルに求められるスキル

探索能力の獲得

　さて、こうした探索能力を組織として獲得していくためには何から取り組むとよいのでしょうか。まずは研修の企画でしょうか、それとも試行目的でのパイロットプロジェクトの立ち上げでしょうか。具体的な施策に取り掛かる前に行うべきことがあります。それは、**自分たち自身で何がどこまでできるかを知ること**です。DXに取り組む部署なり、チームなり、何らかの組織単位にて、1人ひとりとして何ができるのか、経験として持っているものは何か、棚卸しをすることから始めるべきです。出発地点がわからなければ、どれだけ目的地を掲げたところで、そこにたどり着くために何が必要になるのかが見えてきません。そうした状態で、一斉に集合研修を実施したところで、その後、誰にど

4　両者の連動がなめらかに行われるためには、仮説検証とアジャイル開発の両者に知見がある「両利き人材」がチームにいて、そのつなぎ目に立つことが望ましい。必要に応じて、組織の外も含めてメンターやコーチを招聘しよう。

のようなフォローアップを働きかけていくべきかがあいまいで、多くの場合は研修をやって終わり、受けて終わりということになりがちです。研修自体は手段として必要となりますが、誰がどんな武器を持つのか、解像度を上げて捉えた上で施策を組み上げていかないと、結果には結びつきません。

　棚卸しを行うにあたっては、何らかのクライテリア（基準）を用いたいところです。DXに取り組んでいくにあたり、必要とされる能力とは仮説検証やアジャイル開発だけではありません。正味の技術力や、チームワークに関する能力も求められることになります。両利きどころか企画から開発、運営まで、総合力が組織には問われます。あるジャンルに特化して対応できればよいというわけではなく、**DXとは「総合格闘技」**的と言えます。ですから、個々の能力を測る上でも、そのモノサシたるクライテリアは特定のテーマや技術に偏りがなく、多角的である必要があります。しかし、すべての組織に適した万能のクライテリアなどは存在しません。世の中にすでにあるクライテリアを参考に、また試行利用しつつ、いずれ自組織が目指す人材像に合った自社のクライテリアを定義する必要に迫られることでしょう。

　「現場実践」で個々人の能力について、「変革戦略」では組織としてのケイパビリティについて、その可視化とどのようにケイパビリティを高めていくか取り組む内容を説明します。

\<現場実践\>
個々人のケイパビリティを可視化する

クライテリアを用いて、個々人の星取表を作る

　現場組織、チームのケイパビリティを可視化する上で、参考となるのが一般社団法人 日本CTO協会が公開している「**DXクライテリア[5]**」です。DXクライテリアは、Digital Transformation と Developer eXperience の2軸を両輪として捉え、そのために必要なスキルセットをまとめた内容になっています。クライテリアとしての目的は、「超高速な事業仮説検証能力を得ること」に置いています。

5　一般社団法人日本CTO協会が監修・編纂するガイドライン。
https://dxcriteria.cto-a.org/

　内容は、5つのテーマからなり、各テーマは8つのカテゴリから構成されています。さらに各カテゴリごとに8つのチェックリストが用意されており、この評価項目に答えていくことで、自社のDX進捗度やチームのアセスメントが得られます（**図5-12**）。その結果から、改善点や強化ポイントの検討に繋げていきます。

5テーマ×各8カテゴリ×8項目

チーム	システム	データ駆動	デザイン思考	コーポレート
チーム構成と権限委譲	バージョン管理	顧客接点のデジタル化	ペルソナの設定	スパン・オブ・コントロール
チームビルディング	ソースコードの明確さ	事業活動データの収集	顧客体験	開発者環境投資
心理的安全性	継続的インテグレーション	データ蓄積・分析基盤	ユーザーインタビュー	コミュニケーションツール
タスクマネジメント	継続的デプロイ	データ処理パイプライン	デザインシステムの管理	人事制度・育成戦略
透明性ある目標管理	API駆動開発	データ可視化とリテラシー	デザイン組織	デジタル人材採用戦略
経験主義的な見積りと計画	疎結合アーキテクチャ	機械学習プロジェクト管理	プロトタイピング	モダンなITサービスの活用
ふりかえり習慣	システムモニタリング	マーケティング自動化	ユーザビリティテスト	経営のデジタルファースト
バリューストリーム最適化	セキュリティシフトレフト	自動的な意思決定	プロダクトマネジメント	攻めのセキュリティ

出典：DX Criteria ver.201912 「2つのDX」とデジタル時代の経営ガイドライン（一般社団法人日本CTO協会）、p.20
https://github.com/cto-a/dxcriteria/blob/master/asset/image/dxcriteria201912.pdf

図5-12｜DXクライテリア

　DXクライテリアを特にモノサシとして挙げるのは、内容が「多角的」であり、また「中立的」であるためです。組織にあてるモノサシは慎重に選び、扱う必要があります。計測の結果、組織ケイパビリティ上の不足が可視化され、理想（モノサシ）との差分を埋め合わせるために、コンサルティングや研修を用いるという流れが考えられますが、安易なスキルの穴埋め仕事とならないように留意しましょう。あくまで、組織のこれからのあり方とそのために必要な人材像の定義に基づいて、ケイパビリティを評価することが目的であって、モノサシはその補助線でしかありません。この点からも、組織の方向性と人材像を先に描く必要があるわけです。そうでなければ、組織として真に強化、補完するべきものが何かは見えてきません。

　DXクライテリアは、企業のデジタル化と開発者体験という2つのDXを一体として捉え、その価値観の下に整備されているものです。不確実性の高い時代に適応するためには仮説検証能力が必要であり、さらにはその検証を可能な限

り高速に行えるケイパビリティを備えていくことを目標に置いています。内容は部署部門やチームを対象としています。こうした特徴を踏まえて、自組織の目指す方向性、人材像と狙いが合致するかを確認しましょう。そして、一気に一度に取り入れるのではなく、まずクライテリアを選定するチーム自身で試してみましょう。その結果の適合感に基づき本格的に採用するか判断するようにします**6**。

なお、DXクライテリアは、2つのDXの1つが「開発者体験」を指しているとおり、対象領域をソフトウェア開発と置いています。DXを進めていく上では組織のソフトウェア開発のケイパビリティは問う必要がありますが、実際に目指す人材像が「開発者」とはフィットしないところ（たとえば、事業やプロダクトの企画立案者など）もあるでしょう。その場合は、他のクライテリアを用いるか、自組織としてのクライテリアの定義を検討しましょう。

また、チームや部署としてのケイパビリティだけではなく、個々人の能力を可視化し1人ひとりの状態を踏まえた能力開発支援も検討する必要があります。この観点からは**星取表**を作ることを勧めます（**図5-13**）。

	スクラム	AWS	フロント エンド	バック エンド	ユニット テスト	テスト 自動化	仮説 検証	デザイン
太秦	○	↑	△	○	○	○		
嵐山		○	○	☆	○			
天神川	△	△	△	○		↑		
三条		↑	○	△	↑			
鹿王院		↑	○	△	↑			△
有栖							△	△
砂子	○	△					△	

☆：エース級　　○：一人前
△：ヘルプが必要　　↑：習得希望

> **星取表**とは、チームメンバーがどのようなスキルを持っているのかを見える化し、俯瞰するための道具。別名スキルマップ。

図5-13 │ 星取表

6　DXクライテリアを使う際は、日本CTO協会の用意している使い方ガイドを参照すること。
　　○DXクライテリアの使い方
　　　https://dxcriteria.cto-a.org/07be1dbf832f49eb9720448be01e3c42

星取表を作る際は、まずスキル軸（横軸）を洗い出す必要があります。スキル軸は採用するクライテリアに基づいて検討します。クライテリアが定まっていれば必要なスキルを設定するのは比較的容易ですが、確固たるクライテリアを定められていない場合はこれから取り組む施策を見据えて「実現のために何が必要か」から組み立てていくことになります。スキル軸を設けた後は、誰がどのスキルをどの程度保有しているのか棚卸しをします。まず本人が自己認識としてどのレベルかを挙げて、その後に他者からフィードバックや助言を寄せ、適宜修正を加えながら練り上げていくのがよいでしょう。

星取表は作るところでひとヤマありますが、実際には作って、それからの運用が極めて重要となります。「星取表の更新タイミング」「運用方針」「能力獲得、向上のための具体的な算段」という3つの観点で、どのように運用するか決めておきましょう（**図5-14**）。

(1)「星取作戦会議」の運用（星取表の更新機会を設ける）
・いつ、星取表を更新するのか
　→ ジャーニーのふりかえり、むきなおりに合わせて実施（月1回程度）
・前回の星取作戦の結果を踏まえて、表の更新を行う
・その上で、今後の星取作戦の方針を決める

(2) 星取作戦の方針を決める
・どのように星を取っていくか、方針を定める
　①個々人としての星取を決める（個々人の成長の観点）
　②チーム・部署という単位で星取状況を俯瞰し特に強化するべき箇所を検討
　　※①②両方の方針を立てる

(3) 星取作戦の具体的な選択肢を準備する
・星取作戦を実現するための選択肢を用意する。
　→研修、自前勉強会開催、パイロットプロジェクトの実施、
　　メンタリングサポートによる実践など。

図5-14｜星取表の運用

人材育成の段階設計と2つの原則
──イネーブルメントアプローチ、行為から学ぶ

具体的に、星を獲得していくための方針についても捉えておきましょう。能力開発も「段階の設計」を基本とし、**「イネーブルメントアプローチ」**と**「行為から学ぶ」**を原則として運用します（**図5-15**）。

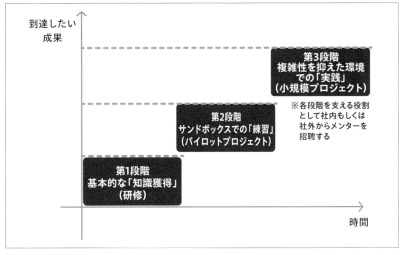

図5-15｜人材育成の「段階の設計」

　アジャイル開発の研修を受講すれば、3か月後にアジャイル実践者が育ち、次のメンター側に立つことができる、というわけではありません。もちろん、対象とするテーマによってその習熟の難易度は異なりますが、これまで組織に存在しなかったケイパビリティを獲得していこうという取り組みなわけですから、楽観的に捉えるのは危ういところです。まず、ケイパビリティの獲得が容易ならざること、それゆえに1人ひとりへのアプローチを丁寧にデザインすることを覚悟しなければなりません。

　ですから、人材育成での段階の設計も、「**ベイビーステップ**」を前提と置く必要があります。赤子がその成長とともに少しずつできることを増やしていくように、未知の領域の能力獲得は、基本から始めて少しずつ段階を高めていくアプローチを取ります。ベイビーステップの本質とは、失敗の許容です。初めての取り組みには失敗がつきものです。最初から上手くいくこと、早期の熟達を求めたところで、能力開発の速度が速まるわけではありません。

　むしろ、能力開発で人がコントロールできる部分はそう多くはありません。安易なコントロールは、能力開発のための意欲を削ぎ、かえって遅らせることになります。焦点は、「何をしたら、どうなったか」、この実践知を繰り返しの試みの中で鍛えていくことです。ですから、**試行の繰り返し回数**、そして**ある期間における集中的な取り組み回数（試行密度）**を問うべきであり、この観点

でこそ組織的に支援する必要性があります。すなわち、試みが上手くいかなかったとしても、当事者自身の評価や業務や仕事そのものに影響を与えない状況、環境作りが前提となるわけです。1か月〜2か月で短期集中的に失敗許容性の高い環境（実践型の研修や疑似テーマによるプロジェクト実践）で試行密度を高める、といった工夫を取りましょう。

新たな能力獲得では、メンターも重要な役割を果たすことになります。多くの場合、新たに獲得する能力というのは「試してみる」こと自体は容易であったりします。教科書どおりにスクラムを運営してみる、スプリントを走らせてみるなど、知識を得られれば試すことはできます。困るのは、試してみた後です。やってみた結果が、過程も含めて、どのように評価できるのか。その良し悪しを初学者では判断ができないのです。

メンターが果たす役割とは、「適切なフィードバックを返すこと」です。原則と経験則から、取り組み方とその結果についてどのような評価・判断を行うことができるか、またもっとより良く実践するための助言を実践者に返します。より腕の良いメンターとは、ただ一方的にフィードバックを相手に投げつけるのではなく、相手が受け止められるようにフィードバックを投げかけられるタイプです。当然ながら、メンター側もベイビーステップを意識して、実践者とコミュニケーションを取っていく必要があるというわけです。

段階の設計で全体を構想しながら、2つの原則で運用します（**図5-16・図5-17**）。

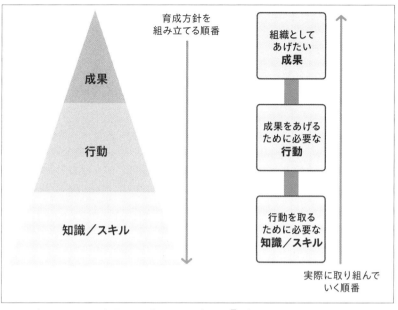

図5-16 | 星取りの原則① 「イネーブルメントアプローチ**7**」（成果起点のPDCAサイクル）

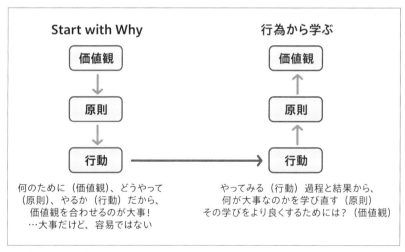

図5-17 | 星取りの原則② 「行為から学ぶ」

---

7 もととなる概念は「セールス・イネーブルメント」。セールスだけではなく、広く能力開発に適用できる
考えとして捉えている。

イネーブルメントアプローチとは、成果起点のPDCAです。人材像を整備して、必要な知識体系を整理し、端っこから知識獲得の研修を組み上げていく……といった体系整理型のアプローチとは異なります。あくまでどのような成果（アウトカム）をあげられるようにするのか、そのためにはどのような行動が必要となるのかという目指すべき成果からの逆算のアプローチを取ります。

望ましい成果をあげるためには、適切な行動を取れる必要があり、適切な行動を取れるためには、相応の実践知が備わっていなければならない、そして、取り組もうとする人材のイマココの状態を踏まえて何を学び、獲得するかを決めるというものです。体系的に網羅的にすべての知識を獲得していこうとするアプローチよりも、特定の成果をあげるまでの距離が短くなります。成果があがりやすくなると、取り組みの意義が感じられるようになり、実践者の意欲が高まり、より能力開発の好循環が期待できます。

DXを進めていく上で求められることは多種多様です。仮説検証も、アジャイル開発も、プログラミングもできて、クラウドアーキテクチャからユーザーインターフェースの設計まで身につけていること——こうした広範囲の要請に1人の人材で応えていくのは現実的ではありません。成果起点でイネーブルな能力獲得を段階的に進めていくようにしましょう**8**。

もう1つの原則は「行為から学ぶ」です。こちらも、広大な知識体系の獲得を前提に置かないという点でイネーブルメントアプローチと同じ考え方となります。ある行動が取れるように、必要最小限で十分な基礎理解を得て、さっそく実践で試すことを早める——その行為の結果についてふりかえりを行うことで、「**より行為を上手く行うためには何が必要なのか**」「**どのような考え方が前提に置けるとより上手く実践できるのか**」と、行為の前提となる思考や価値観までさかのぼって捉えるアプローチです。

たとえば、アジャイル開発には、プラクティスだけではなく、価値観や原則といった前提が存在します。こうした価値観や原則を十分に理解することは、実践にあたって極めて重要なことですが、内容を読んだり聞いたりだけでは身につ

---

8 ケイパビリティを下支えする基礎的な知識の獲得と、成果に必要な能力の獲得を分けて捉えよう。いわゆるT字型（基礎的な広範囲な知識を持ちながら、何か1つスペシャルな能力を持っている人材）やπ型（複数のスペシャリティを持ち合わせている人材）の人材のイメージが前提となる。

けるところまでなかなか到達しません。実際の行為の中から「何をしたら、どうなるのか」と自身の行為を顧みる過程を通すことで深い理解へと繋がるのです。こうした自省の対象に、具体的な失敗があるとより行為のメカニズム（どういう価値観、思考、状況があれば行為が上手くいくのか）を掘り上げられるでしょう。この点からも、ベイビーステップ（失敗の許容性を高める）を前提として置きたいわけです。最後に、アジャイル開発のベイビーステップを例示しておきます（**図5-18**）。

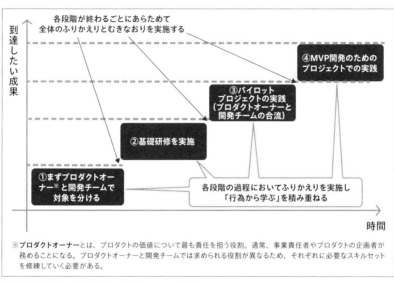

図5-18 ｜ アジャイル開発のベイビーステップ例

<変革戦略>
組織のケイパビリティを可視化する

DX推進指標とDX認定制度による組織的なアセスメント

　現場部署、チーム単位でDXクライテリアを用いる一方、組織レベルでのアセスメントには別の指標が必要となります。組織全体についてのあるべき姿と現状との「ギャップ」を認識し、対応策についての検討を促すための指標として「**DX推進指標**」が経済産業省から提示されています（**図5-19**）。

出典：2．DX推進指標の内容（経済産業省）
https://www.meti.go.jp/press/2019/07/20190731003/20190731003.html

図5-19│「DX推進指標」で構成される観点

　DX推進指標は、「経営」と「ITシステム」に関する大きく2つの指標で構成されています。両者それぞれに、定性指標（枠組み向け）と定量指標（取り組み状況向け）の2軸が存在しています。定性指標に関しては、30を超える設問が用意され、それぞれに対して成熟度を答える形式です（**図5-20**）。

成熟度					
レベル0	レベル1	レベル2	レベル3	レベル4	レベル5
未着手 （経営者は無関心か、関心があっても具体的な取組に至っていない）	一部での散発的実施 （全社戦略が明確でない中、部門単位での試行・実施に留まっている）	一部での戦略的実施 （全社戦略に基づく一部の部門での推進）	全社戦略に基づく部門横断的推進	全社戦略に基づく持続的実施 （定量的な指標等による持続的な実施）	グローバル市場におけるデジタル企業 （デジタル企業として、グローバル競争を勝ち抜くことのできるレベル）

出典：関連資料「DX推進指標（PDF形式）」（経済産業省）、p.1
https://www.meti.go.jp/press/2019/07/20190731003/20190731003-3.pdf

図5-20│定性指標上の成熟度

　一方、定量指標についてはDX推進指標上での例示[9]はあるものの、自組織が指標自体を選定する必要があります。DXによって何を伸ばすのか、3年後にはどうなっていたいのか、といった観点で指標そのものを定義した上で回答を行い、その進捗を自らトレースしていくのが前提です。

　なお、DX推進指標は経営者自らが回答することを基本とし、より詳細な観点については、経営者が経営幹部、事業部門、DX推進部門等と議論をしながら回答するものとされています[10]。その狙いは、指標上での高得点を目指すものではありません。経営自らがDXへの取り組みとその課題について認識を深め、かつ、関係者とともにどのように課題解決にあたっていくかの「気づき」を得る機会作りです。指標の内容とその結果について対話を重ねることで、自組織のDXの取り組み方を深掘りし、必要な施策へと落とし込んでいきます。もちろん、一度実施して終わりではなく、そのアセスメント結果を継続的にトレースすることが重要です。施策によって、どのように指標結果が変わっていくか、DXを持続的な活動へと繋げていく狙いがDX推進指標の根底にあります。

　もう1つ、DX推進指標とは別のアセスメントにあたる手段があります。それは**DX認定制度**を利用することです（**図5-21**）。

9　定性指標、定量指標は、以下で例示されている。
　　https://www.meti.go.jp/press/2019/07/20190731003/20190731003-3.pdf
10　DX推進指標の活用については、以下のガイドを参考にすること。
　　https://www.meti.go.jp/press/2019/07/20190731003/20190731003-1.pdf

DX認定制度

経産省としての取り組み。IPAがその運営を担っている。
「DX銘柄」と異なり上場が条件ではなく、誰でも取り組める。

出典：https://www.ipa.go.jp/ikc/info/dxcp.html

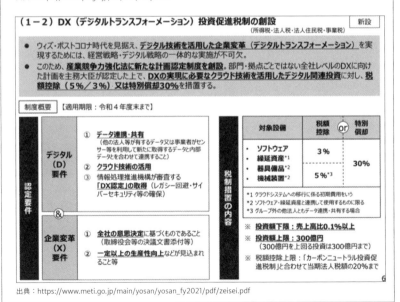

出典：https://www.meti.go.jp/main/yosan/yosan_fy2021/pdf/zeisei.pdf

図5-21 | DX認定制度の説明

DX認定制度も経済産業省による取り組みであり、IPAがその運用にあたっています。実際に認定申請まで行うかどうかは組織の考えに依りますが、認定に必要なガイドラインに乗ることでDX推進、準備に必要な観点が得られ、自組織にとって不足している点への気づきを得ることができます。DX認定のレベル感は「企業がデジタルによって自らのビジネスを変革する準備ができている状態」かを判定するものであり、まさしくDXに必要な準備が整っているか判断するための基準として活用することができます。DX認定制度での具体的な指標は、**デジタルガバナンスコード[11]**に準拠しています（**図5-22**）。

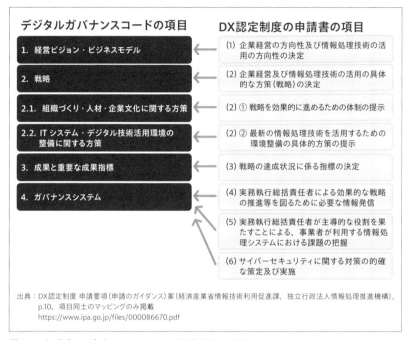

出典：DX認定制度 申請要項（申請のガイダンス）案（経済産業省情報技術利用促進課、独立行政法人情報処理推進機構）、p.10、項目同士のマッピングのみ掲載
https://www.ipa.go.jp/files/000086670.pdf

図5-22 | デジタルガバナンスコードとDX認定制度の対応

こうした指標による状況や課題の可視化は、何が価値なのでしょうか。DX推進指標が掲げているとおり、**指標の結果評価と必要な施策についての組織内の対話を促す**ところに意義があります。経営とその周辺だけでDXについての理

---

11 デジタルガバナンスコードとは、経営者に求められる企業価値向上に向け実践すべき事柄を取りまとめたもの。「企業がDXの取り組みを自主的・自発的に進めることを促すとともに、特に、経営者の主要な役割として、ステークホルダーとの対話を捉え、対話に積極的に取り組んでいる企業に対して、資金や人材、ビジネス機会が集まる環境を整備していく」ことを狙いとしている。
https://www.meti.go.jp/shingikai/mono_info_service/dgs5/pdf/20201109_01.pdf

解を深めただけでは、組織的な活動として進展していきません。組織内での理解を深めていくためには、ビジョンや戦略を金科玉条的に掲示するだけではなく、そうした指針の根拠とする指標結果を組織内に掲示し、状況の透明性を高めることが第一歩となります。適切な状況把握が、組織活動を自分ごとにできる前提です。可視化とそれを踏まえた組織内の対話、その機会作りこそDX推進チーム・部門が担いましょう。

DX推進者の人材像を描く

　自社の人材定義に基づき、DXクライテリアの活用または、必要なクライテリアの定義を行うことを「現場実践」編で説明しました。DXを進めていくにあたって必要な役割は「開発者」だけではなく、多岐にわたります。これまで組織に存在しなかった役割の定義を行う必要もあるでしょう。たとえば、プロダクト作りを進めていくにあたっては、プロダクトマネジメントを担うプロダクトマネージャーや、事業企画を主に担うビジネスデザイナー、顧客体験の検討をリードするUXデザイナー、単体のプロダクトだけではなく組織が複数のプロダクト作りを継続的に効率よく進められるよう基盤設計を行うアーキテクトなど、必要となる役割定義や各役割が担う範囲は従来に比べて増えるはずです。

　こうした個別の実務上の役割とは別に、もう1つ人材定義が必要な観点があります。それは、DX推進自体を担う人材です。組織活動ゆえに、どのような体制で、どのような段取り、運用で戦略遂行にあたるのか。また、経営や組織内での対話を促す、第三者的な立ち回りも求められます。変革そのものを推進する役割に求められる能力とは何か、また不足しているDX推進自体のケイパビリティをどのようにして補完、充足していくのか。DX推進者、DX推進チーム自体のクライテリアこそ、最初に問い、整えるべきものと言えます。

　実際には、この観点でのクライテリアがまだ十分に整備されている状況にはありません。DX自体の取り組みがまだ新しい試みであり、どのような人材クライテリアを設けるべきなのか、実績ベースで整理できる状況にはないためです。しかし、DX推進者自体の人材像がなければ、また、その人材像があいまいなままで、従来の経営企画等の企画職の延長で捉えているのでは、変革の成果にも影響が出てしまいます。そこで、DX推進者に必要と考えられるクライテリア例

「変革推進クライテリア」（p.118・119）をここでは紹介しておきます[12]。この
クライテリアは、これまでのDX支援を踏まえて経験則から取りまとめたもの
です。自組織で取り入れる際は、適宜、組織に合う内容で手を加えて活用して
ください。

---

12 本クライテリアは、筆者と有志にて、各種クライテリアを参考に、経験則をもとに作り出した指標で
ある。

変革推進クライテリア

※●は、必要なケイパビリティ、知識スキル

1. 変革推進

推進の枠組みをつくり、進化させる
- ●推進自体を担うチームの結成と運営（CoE、アジャイルブリゲード・アジャイルディビジョンの運営）
- ●デジタルビジョン、デジタル戦略のマネジメント
- ● DX を推進する領域の策定（選択と集中、両利きの経営）
- ● DX 推進のためのバックログリファインメント
- ● DX ジャーニーの設計と遂行（段階の設計）
- ●ジャーニーレベルでのふりかえりとむきなおり

デジタル戦略を推進する
- ●デジタルプラットフォームの構想と実現
- ●全社を対象としたデータマネジメントの確立
- ● DX 推進のためのファシリテート（適応課題への対話のアプローチ、越境）

DX 推進を担う人材を集める、育てる
- ● DX 推進のための人材像を定義する
- ●デジタル人材育成のための計画作りと運営
- ●デジタル人材確保のための計画作りと運営

2. チーム

チーム立ち上げ支援（チームビルディング）
- ●形成期におけるチームの期待値合わせ（インセプションデッキなどの活用）
- ●形成期におけるチームの運営の型作り（スクラムをベースとして）

チームで噴出する課題の整理と型の定着
- ●混乱期におけるチームの融合促進（ふりかえりをベースとして）

機能するチームへの後押し
- ●統一期におけるチームの成長策（星取表、OKR をベースとして）

チームのレベルをもう1段上げる
- ●機能期におけるチームの再定義（むきなおりをベースとして）

3. プロダクト

プロダクトの仮説を立てる
- ●プロダクトの仮説立案
- ●ビジネスモデルの設計
- ● KGI / KPI の設計

プロダクトのライフサイクルをマネージする
- ●プロダクトオーナー支援（代行）
- ●プロダクトマネジメントの遂行
- ●仮説検証の実施（仮説キャンバスから始まる仮説検証）
- ●アジャイル開発の運営（スクラムをベースとして）
- ●仮説検証とアジャイル開発の統合運営（仮説検証型アジャイル開発）
- ●バリューストリームを定義し、ボトルネックを特定、解消する
- ●カスタマーサクセスに取り組む

プロジェクトをマネージする
- ●プロジェクトマネジメントの活用

4. デザイン

カスタマーエクスペリエンス（CX）を再定義する
●顧客体験のデザイン（カスタマージャーニーマップ）

エンプロイーエクスペリエンス（EX）を再定義する
●組織メンバー体験のデザイン（サービスブループリント）

CX と EX を繋ぐ
● CX と EX が相互に成長を促すサイクルの構築

5. データ

データ分析を小さく始める
●データ活用のゴール設定
●データ分析基盤の導入
●保守・運用を考慮した仕組みの構築
●セキュリティを考慮した仕組みの構築

必要なデータを必要なときに利用できる状況を作る
●データがどこで作られるのかの把握
●データがいつ・どんな精度で作られるのかの把握
●データが何を指すのかの説明（メタデータ管理）

データ活用の領域を広げる
●安全なデータ利用（データガバナンス）
●非構造化データの分析
●全社で拠り所にするデータの管理（マスタデータ、参照データ管理）
●経営の意思決定を支えるデータの提供（DWH、BI）

データの幅を広げて、高度な分析に繋げる
●行動履歴やセンサーデータの分析（ビッグデータ）
●幅広いデータからの高度な分析（データサイエンス）
●より楽で安全な、より早く多いデータ活用（MLOps）

6. クラウド

クラウドへの移行戦略を立てる
● IT に関わる概念の共通言語化
●ベストプラクティスにならった移行戦略の立案
●移行戦略を実現する手法の選択（クラウドデザインパターン）

非競争領域でクラウドを活用する
●自社の文化に合う製品の選定
●製品では手の届かない部分の自作（ローコード、ノーコード）

競争領域の既存サービスでクラウドを活用する
●既存サービスを変更せずにクラウドに載せ替える（リフトアンドシフト）

競争領域の新規サービスでクラウドを活用する
●ビジネスの変化に追随できる開発プロセス（CI/CD）
●ビジネスの変化に追随できるサービス構成
●顧客満足度を高めるサービス運用（SRE）
●開発プロセス全体を通したセキュリティ品質向上（セキュリティシフトレフト）
●エコシステム全体での継続的なセキュリティ品質向上（ゼロトラストセキュリティ）

DIGITAL
TRANSFORMATION

第 **6** 章 仮説検証とアジャイル開発

JOURNEY

第6章 仮説検証とアジャイル開発

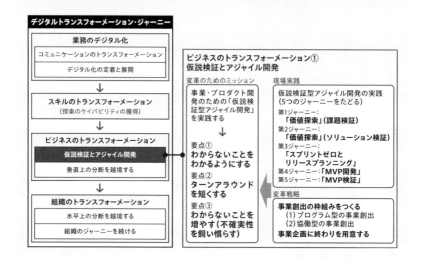

＜変革のためのミッション＞
探索の中核となる仮説検証とアジャイル開発を実践する

仮説検証型アジャイル開発とは

　探索活動において仮説検証とアジャイル開発が両輪となると述べました。それぞれが構想と実現の具体的なケイパビリティにあたります。DXのような組織を作り変える取り組みでは、この構想と実現の行きつ戻りつを高速に繰り返し、そこから得られる学びで次の行動を最適化する運動が求められます。作り変える対象が組織の外に向けた提供価値であり、また組織そのもの（文化、組織体制、プロセス、業務）であることを踏まえると、勘とこれまでの経験と想像だけで一気呵成に進めるわけにはいきません。仮説立てと検証の行き来によって、方向性を確かめながら舵取りしていく必要があります。

　もとより組織が新たに価値を提供するにあたっては、「誰」の「何」を解決するのか2軸で捉える必要があり、この2軸の中でどういう変化の方向性を取るにしても、それまでの経験がすべて通じるわけではありません。何をどこまで変化させるにしても、未知の領域への踏み込み（越境）のためには、新たな知識

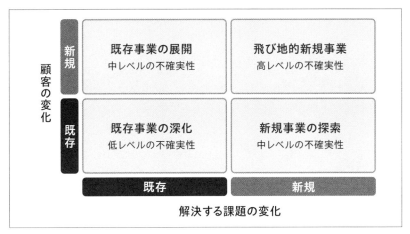

の獲得が必要となります（**図6-1**）。

図6-1│DX戦略マトリックス

　そのための活動が「探索」であり、既存領域から大きく隔たりがある領域へ飛び込む場合や長らく踏み入れていなかった領域へ踏み込む場合には、より「**探検**」という言葉がふさわしくなるでしょう。様子のわからないところへ、手ぶらで一気に突き進むのは危険です。漸進的に状況理解、知識の獲得にまずは務めて、その結果から次の活動をどこまで行うか判断しなければなりません。「新たな知識を獲得する」とは、顧客の置かれている状況を把握したり、新たなインサイト（顧客の心理）を得ることであり、解決するべき課題を学ぶということです。この学習が「仮説検証」にあたり、その解決手段の構築と提供が「アジャイル開発」にあたります（**図6-2**）。

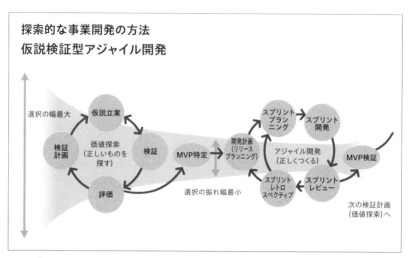

探索的な事業開発の方法
仮説検証型アジャイル開発

選択の幅最大

仮説立案

検証計画

価値探索（正しいものを探す）

検証

評価

MVP特定

開発計画（リリースプランニング）

選択の振れ幅最小

スプリントプランニング

スプリント開発

アジャイル開発（正しくつくる）

MVP検証

スプリントレトロスペクティブ

スプリントレビュー

次の検証計画（価値探索）へ

図6-2 仮説検証型アジャイル開発

　新たな解決手段（プロダクト、サービス）をゼロベースで構築する場合（0→1）、仮説検証とアジャイル開発は「**MVP（Minimum Viable Product）の特定**」というイベントを境に分けて捉えることができます。MVPは、想定利用者にとって価値があり、なおかつ構築対象として最小限の範囲に留めるプロダクト[1]のことです。従来のシステム構築のように一気に大規模に作り込むのではなく、利用者にとって最も価値があるところで、かつ実際の利用提供によって検証を行いたい範囲に集中して作り切る考え方です。仮説検証によって最初に作るべき範囲（MVP）を学び、その後アジャイルに作っていくという流れになります。

　MVPを構築した後は、もちろんMVPを用いた検証を行います。プロダクト自体は最初の構想を作ってそこで終わりではありません。想定利用者や世の中に対して、提案価値の是非を問いかけるために、プロダクト作りを続けていくことになります。むしろ、最初のローンチが出発点になると言えます。このあたりが「プロジェクト」と「プロダクト」という2つの概念の大きな違いとなります（**表6-1**）。

1　「プロダクト」という言葉も立場によって解釈が異なる可能性があるだろう。製造対象としての「製品」なのか、ソフトウェアを中心とした「デジタルプロダクト」なのか。本書は後者を想定しているが、ハードとソフトウェアによって構成されるデジタルサービスもまた範疇には入る。

表6-1 │ プロジェクトマネジメントとプロダクトマネジメントの違い

	WHY	HOW	WHAT
プロジェクト マネジメント	[**目的**] 定めたゴールを 達成すること	[**期間**]有期限 [**マネジメント**]作成した計画 　に基づくマネジメント [**制約**]QCDS（品質／コスト／ 　デリバリ／スコープ） [**指標**]進捗管理	[**最初に行うこと**] 計画を立てる
プロダクトマ ネジメント	[**目的**] 価値を提供し続 けること	[**期間**]無期限 [**マネジメント**]プロダクトのラ 　イフサイクルに応じたマネ 　ジメント [**制約**]ターンアラウンド（後 　述）に基づく活動設計 [**指標**]計測と評価	[**最初に行うこと**] 仮説を立てる

　プロダクトを継続的に作り込むということは、プロダクトローンチ後も仮説検証を継続的に行うということです（**図6-3**）。それまでのプロダクト検証やユーザーの行動ログなどを踏まえて、解決するべき課題や機能の仮説を立て、次に取り組むべき検証を定めます。もちろん、機能開発とプロダクトの運用も並行しています。ですから、ゼロからイチの次の段階（1→10）では、仮説検証とアジャイル開発を同時に取り組むことになります。こうした状態（デュアルトラック）はよりプロダクト開発の運営を難しくするところです。この向き合い方についても現場実践編で解説します。

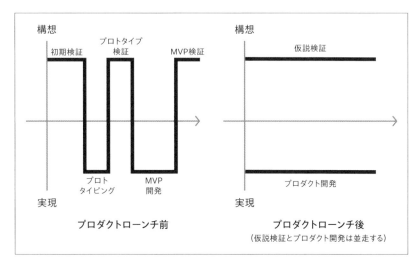

図6-3 プロダクトローンチ前後の仮説検証と開発の並走

わからないことをわかるようにするために

　仮説検証型アジャイル開発とは、探索（探検）における組織や人の基本的な運動方法と言えます。探索にあたっては、従前にわかっていることよりもわかっていないことのほうが多いものです。ですから、仮説検証型アジャイル開発の根幹を成す戦略とは**「わからないことをわかるようにする」**です。

　なぜ、この戦略が必要となるのでしょうか。探索を行わない場合、事業作りを進めるための根拠は「既存事業における判断基準」にならざるを得ません。他に事業を進めるための判断基準が存在しないためです。繰り返しになりますが、既存事業における判断基準とは「深化」のために培われたものであり、具体的にはいかにして効率よく進めていくかです。効率の良さとはムダなことをしないということです。余計なことをせず、これまでにわかっている事実、情報だけを頼りにした事業作りになってしまいます。

　これでは「今後、誰が顧客になりうるのか」「解決するべき新たな課題は何か」といった事業仮説の選択肢が一向に広がっていきません。こうした事業開発をいくら繰り返したところでモノにならないのはもちろんこと、組織としての学びも広がっていきません。しかし、現実には「わけがわからないがとにかくわかったふりでやってみる、その結果何を学べたのかもわからない」という状況が事業作りではよくある風景になっています。

わからないことをわからないままに、ただ闇雲に進めていくことと仮説検証型アジャイル開発とでは雲泥の開きがあります。一見してどちらも混沌に近い状態で、正解が見えない気持ちの悪い、あいまいな状況の中に置かれます**2**。

しかし、着実に学びを積み上げていく仮説検証型のアプローチと違い、「とにかくやってみる」をただ繰り返すだけでは、探索上の手がかりを得るのも偶発的にならざるを得ません**3**。これでは何がわからないか、つまり事業やプロダクト作りにあたって**「何をわかる必要があるのか」**がいつまで経ってもわからないため、先の見えない試行錯誤が続くことになります。

「闇雲にとにかくやってみよう事業開発」は、こうした向き合うべき**「問い」**がない状態です。答える「問い」を見失いながら問題を解こうとするようなものですから、どこにもたどり着くことができません。出口がいつまで経っても見えない探索活動は、当然成果も遠く、また取り組むチームに対処しようのないストレスを感じさせることになるでしょう。

一方、仮説検証型アジャイル開発では、まず第一に仮説を立てます。その時点で「わかっていること」「わかっていないこと（想像、類推で補完していること）」の仕分けを行い、まさしくここから「何をわかる必要があるのか」という問いに向き合うところから始めるのです。この最初の仮説立案、仮説と事実の仕分けのために**仮説キャンバス**を用います（**図6-4**）。

---

2 このあたりが、探索を苦手とする人が多い理由にも繋がる。あいまいでやりにくい、その結果成果がなかなか上がらない可能性がある。そうした状況で成果へのプレッシャーが与えられると、取り組み者は逃げ道のないストレスに見舞われてしまう。ゆえに、探索活動における方針と責任の扱いについては丁寧に認識を合わせておく必要がある。

3 深化型に振り切った組織では「とにかくやってみる」というアプローチをまず取れるようにすることが最初の入り口になることもある。「とにかくやってみる」で始めて、「やってみればわかることがある」という理解を作り、然る後に仮説検証を型に則り進めていくという作戦はある。

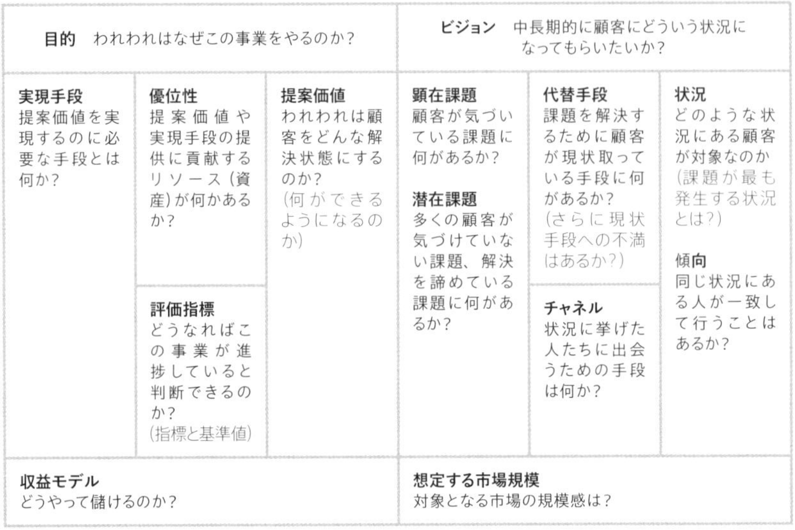

目的　われわれはなぜこの事業をやるのか？			ビジョン　中長期的に顧客にどういう状況になってもらいたいか？		
実現手段 提案価値を実現するのに必要な手段とは何か？	**優位性** 提案価値や実現手段の提供に貢献するリソース（資産）が何かあるか？	**提案価値** われわれは顧客をどんな解決状態にするのか？ (何ができるようになるのか)	**顕在課題** 顧客が気づいている課題に何があるか？ **潜在課題** 多くの顧客が気づいていない課題、解決を諦めている課題に何があるか？	**代替手段** 課題を解決するために顧客が現状取っている手段に何があるか？ (さらに現状手段への不満はあるか？)	**状況** どのような状況にある顧客が対象なのか (課題が最も発生する状況とは？) **傾向** 同じ状況にある人が一致して行うことはあるか？
	評価指標 どうなればこの事業が進捗していると判断できるのか？ (指標と基準値)			**チャネル** 状況に挙げた人たちに出会うための手段は何か？	
収益モデル どうやって儲けるのか？			**想定する市場規模** 対象となる市場の規模感は？		

図6-4 ｜ 仮説キャンバス

　キャンバス上の各観点に基づいて仮説候補を挙げていきます。もちろんこの候補は複数になることもあります。挙げた上で中身を掘り下げて捉えて、事実（わかっていること）なのか、仮説（わかっていないこと）なのかの見立てをつけます。仮説を見立てた後、わかっていないことのうち「何がわかると事業やプロダクトとして確かな方向性を決められるのか」を自問し、次に行うべき検証プランを立てます。たとえば、課題の仮説があいまいだったり浅いようであれば、想定顧客に対するインタビューのプランを立てることになりますし、状況の仮説に自信がなければまずはユーザーの調査から行うことになります。

　仮説検証によって確かめたい観点は大きく3つあります（**図6-5**）。

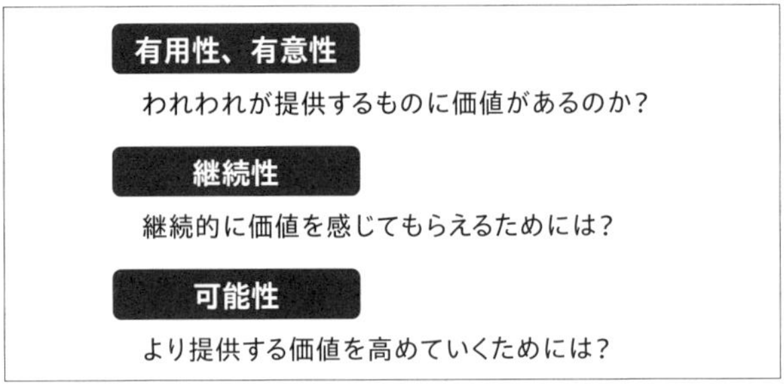

有用性、有意性
われわれが提供するものに価値があるのか？

継続性
継続的に価値を感じてもらえるためには？

可能性
より提供する価値を高めていくためには？

図6-5 ｜ 仮説検証で確かめたい3つの観点（有用性・有意性、継続性、可能性）

まず最初に問うべきは「**価値があるのか**」（**有用性**、**有意性**）です。事業やプロダクトの価値を測る上で、PSfit と PMfit の2軸があります（**図6-6**）。

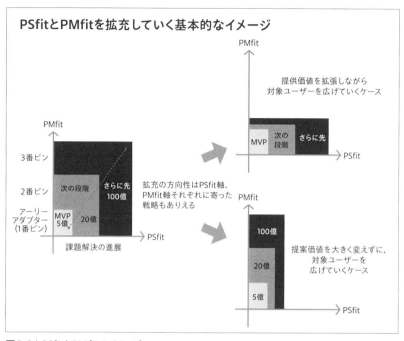

図6-6 │ PSfitとPMfitのイメージ

PSfit とは、Problem-Solution-fit の略で、特定している課題とその解決策がどの程度一致するかです。具体的な課題解決にあたり、対象とする課題のそもそもの重要性や解決策がどのくらいより上手く、また当事者にとって負荷、コストを最小限に、状況を変えられるのかが一致度合いを決めることになります。

一方、PMfit とは、Product-Market-fit という意味で、提供するプロダクトがどの程度市場に受け入れられ、広がっていくのかを示す度合いにあたります。たとえ、PSfit が検証できたとしても、その課題解決がビジネスになるかどうかは PMfit に依ることになります。

次に、確からしさを高めたいのは「**継続性**」です。想定顧客が、提供するサービスに価値を感じてくれて、さらに継続して利用してくれるかという観点です。継続性が弱いと、常に新規顧客の獲得を仕掛け続けなければならない、自転車操業のような事業に陥ります。また、継続性を高められると、顧客のサー

ビスやブランドへの愛着へと昇華できる可能性があります。長く顧客と接点を維持できることがLTV（ライフタイムバリュー／顧客生涯価値）を高めていく基礎になります。

　継続性に関して、まずは「想定顧客が利用をやめてしまう理由は何か」と、マイナスの状態を減らしていく観点で取り組む場合からがほとんどでしょう。この観点でのカイゼンを先行しなければ、いくら新規顧客獲得を進めたところで、穴の開いたバケツに水を溜めようとするようなもの。事業性が一向に高まっていきません。まずは穴の開いたバケツを直すことから始めなければなりません**4**。

　持続的な関係が維持できるようになると、より顧客に価値を感じてもらえるための観点が求められます。これが3つ目の観点「**可能性**」です。可能性については仮説立案の段階で、どの程度仮説に「**奥行き**」があるかで最初の見立てを行います。奥行きとは、対象ユーザー層の広がりや、解決するべき課題の広がりのことで、「目の前の課題を解決すれば完結してしまう」仮説の場合は広がりを作ることが難しくなります。「目の前の課題解決」がダメなわけではありませんが、事業に対する組織としての期待と取り組み内容があっているか認識を合わせていきましょう。

　こうした3つの観点を「**結果から捉える**」だけではなく「**先行して捉える**」ための取り組みが仮説検証なのです。結果からだけですべてを判断しようとすると、結果を出すための準備や取り組みに要する時間、また結果データを得るまでの時間が当然必要となり、判断がその分、遅くなります。これでは、すべての取り組みが遅々として進みませんし、結果を得るまでに要する期間や投資がそのままリスクになります。ですから、結果だけですべての意思決定を行うのではなく、先行して取れる指標（先行指標）をもとにした判断が必要となるのです（**図6-7**）。

4　こうした穴を見つけるためにユーザー行動フローを描く。現状の行動を可視化することで、どこで離脱しているのかを定量データを突き合わせながら整理し、問題の仮説を立てる。ユーザー行動フローについては、次の書籍を参考にしてもらいたい。
『チーム・ジャーニー　逆境を越える、変化に強いチームをつくりあげるまで』（ISBN：978-4798163635）

有用性、有意性を先行して捉える
→プロダクトを作り始める前に、想定顧客インタビューやプロトタイプによる検証
　での反応を判断する

継続性を先行して捉える
→本格運用に必要な仕組みを構築する前に、顧客接点中心のサービスを提供し継続
　性を判断する。バックオフィス系システムの作り込みの代わりに運用でしのぐ
　（人力 MVP）

可能性を先行して捉える
→仮説立案時の仮説の奥行き判断とその検証

図6-7 ｜ 先行して捉えるための例

早く少しだけ形作るアジャイル開発

　仮説検証によって最初に作るべき範囲を特定した後は、それを実現化するターンです。仮説検証アジャイル開発の後半はアジャイルにプロダクトを作り進めていく局面に突入します。実現化するターンといっても、一気に作り進めていくわけではありません。解決したい課題に最も効果的な機能性の模索、また利用者にとってわかりやすく、使いこなせる形態（デバイス、インターフェース）の探求など、プロダクト作りも探索的に行います。

　一度に数多くの機能を時間をかけて作り切って「完成」を目指すのではなく、少しずつ漸次的にアウトプットし生み出されるものへのフィードバックを挙げ、調整し続けるアプローチがアジャイルです。つまりアジャイル開発の本質とは、次第に獲得される気づきや深まる理解に基づき状態を変えられるようにすること、つまり**適応可能とする**ところにあります。「完成」させてしまってから、調整を加えようとすると、単なるやり直しを大幅に強いることになりかねません。ですから、作る範囲は漸次的にし、作る行為を反復的にすることで、フィードバックによる調整を加えられる機会を細かに生み出すことを狙いに置いているのです。こうして早く、ただし少しずつ形作るスタイルによって、得られる意義は数多くあります（**図6-8**）。

早く（少しだけ）形にできることの意義

①フィードバックに基づく開発で、目的に適したシステムに近づけていく
②形にすることで、関係者の認識を早期に揃えられる
③システム、プロセス、チームに関する問題に早く気づける
④チームの学習効果が高い
⑤早く開発を始められる
⑥システムの機能同士の結合リスクを早期に解消できる
⑦利用開始までの期間を短くできる
⑧開発のリズムが整えられる
⑨協働を育み、チームの機能性を高める

図6-8│アジャイル開発の9つの意義

こうした意義を得るためのアジャイル開発の具体的なフレームワークとして「スクラム」が国内外で最もポピュラーになっています。スクラム自体の解説は、すでに数多くの書籍および文献で流布していますから、本書では細かいスクラムの運営について多くの紙幅は割きません[5]。ただし、スクラムの概要（**図6-9**）についての理解は揃えておきましょう（p.x「スクラムの概要」にも目を通すようにしてください）。

---

[5] 参考文献として以下を挙げる。
『カイゼン・ジャーニー　たった1人からはじめて、「越境」するチームをつくるまで』（ISBN：978-4798153346）
『いちばんやさしいアジャイル開発の教本　人気講師が教えるDXを支える開発手法』（ISBN：978-4295008835）
『アジャイル開発実践ガイドブック』
https://cio.go.jp/sites/default/files/uploads/documents/Agile-kaihatsu-jissen-guide_20210330.pdf
『正しいものを正しくつくる　プロダクトをつくるとはどういうことなのか、あるいはアジャイルのその先について』（ISBN：978-4802511193）

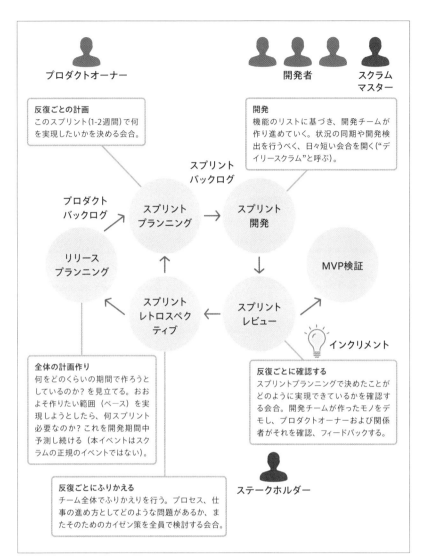

プロダクトオーナー

開発者　スクラム
マスター

反復ごとの計画
このスプリント(1-2週間)で何
を実現したいかを決める会合。

開発
機能のリストに基づき、開発チームが
作り進めていく。状況の同期や開発検
出を行うべく、日々短い会合を開く("デ
イリースクラム"と呼ぶ)。

スプリント
バックログ

プロダクト
バックログ

スプリント
プランニング

スプリント
開発

リリース
プランニング

MVP検証

スプリント
レトロスペク
ティブ

スプリント
レビュー

インクリメント

全体の計画作り
何をどのくらいの期間で作ろうと
しているのか?を見立てる。おお
よそ作りたい範囲（ベース）を実
現しようとしたら、何スプリント
必要なのか?これを開発期間中
予測し続ける（本イベントはスク
ラムの正規のイベントではない）。

反復ごとに確認する
スプリントプランニングで決めたことが
どのように実現できているかを確認す
る会合。開発チームが作ったモノをデ
モし、プロダクトオーナーおよび関係
者がそれを確認、フィードバックする。

反復ごとにふりかえる
チーム全体でふりかえりを行う。プロセス、仕
事の進め方としてどのような問題があるか、ま
たそのためのカイゼン策を全員で検討する会合。

ステークホルダー

図6-9｜スクラムの概要

　さて、仮説検証とアジャイル開発の説明が揃ったところで、仮説検証型アジャ
イル開発全体を通して着目するべき観点を押さえておきましょう。それは「**タ
ーンアラウンド**」という観点です。

ターンアラウンドを短くする

　仮説検証もアジャイル開発も理解しておくべきことが数多くあり、また、そ

の応用については果てしなく広がりがあります。こうしたスタイルを身につけるにあたって、最も心に留めておきたい観点を1つ挙げるとしたら「ターンアラウンド」ということになります。ターンアラウンドという言葉は、対象（たいていの場合、顧客やユーザー）に対する働きかけを行い、その反応を得て、自分たちの理解を正すまでの間に要する時間、期間の意味で用いています（**図6-10**）。

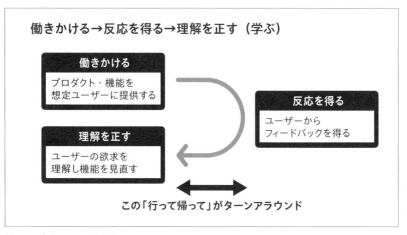

図6-10 | ターンアラウンド

　なぜ、この期間が重要な観点となるのでしょうか。それは、この期間が理解を正すまでに要する時間であり、言い方を変えると「**理解を間違えている可能性がある期間**」に他ならないからです。プロダクトであればその機能や形態についての利用者の反応が得られてこそ、的を射るプロダクト、利用者にとって価値あるプロダクトを提供できているか判断ができるようになるわけです。それまでの間は、取り組んでいることが見当違いで、下手をすればまったくムダなものを作ることに多大な時間を費やしている可能性があるわけです。ですから、働きかけるための準備に要する時間も、働きかけて反応を得る時間も、反応を得て理解を正すまでの時間も、できる限り最小限にしておきたいわけです。

　こうしたターンアラウンドの時間を最短化するためには、2つの方針があります。1つは、**働きかけを段階に行う**こと。一度にたくさんの働きかけを行おうとすると、その分準備にも時間がかかります。準備を最小限にするには、働きかけ自体を段階で分けて、小刻みに積み重ねるスタイルを取るようにします（**図6-11**）。

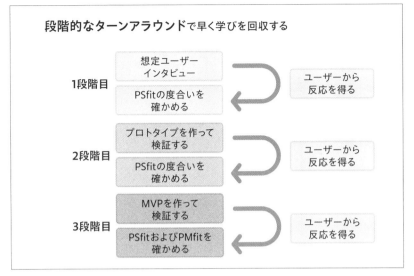

図6-11 ｜ 検証を小刻みに積み重ねる

　もう1つ、段階に分けるのと同時に、**働きかけの手段自体をその時々の理解に合わせて選ぶ**ことです。たとえば、プロダクト作りの最初期において、本当に解決するべき課題があっているのかどうか、課題自体が存在するのかどうか、という状況において、いきなりMVPを作って確かめようというのは、理解の状況と検証手段がフィットしていません。そのような初期段階においてはもっと早くコストをかけずに、結果にたどり着ける手段を選ぶべきです。たとえば顧客インタビューは、仮説さえ立てられれば、その次の行動としてすぐにでも取ることができる検証手段です。

　ここまでの話でもうおわかりいただけるように、働きかける〜反応を得る〜理解を正すという一連の流れはまさしく仮説検証のことです。そして、ターンアラウンドの考え方は、アジャイル開発でも同じように言えます。スクラムにおけるスプリントがターンアラウンドを短くするための手段になるわけです。一気に機能を大量に作り進めてから、最後の最後にまとめて確認するのではなく、スプリント単位でフィードバックをあげられるようにする。ターンアラウンドを劇的に短くさせるあり方と言えます（**図6-12**）。

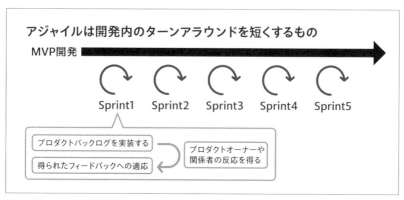

図6-12｜スクラムは開発でのターンアラウンドを短くする

　ターンアラウンド最小化の考え方とは、別の表現としての「早く失敗して学びを得る」と同じ狙いです。「早く失敗することで学びを得て次の行動を正す」という教え自体はポピュラーになっていると言えるでしょう。しかし、現実には「失敗を許容する」ことが組織的に受け入れるのはどうしても難しい、ということがいまだ珍しくありません。「失敗」という言葉にどうしてもネガティブな印象があり取り入れられないのであれば、別の表現を用いてでも本質を得るべきです。それがターンアラウンドという概念を担ぎ出さなければならない理由です。「早く失敗する」は、**図6-13**のように分解して指標として追っていくようにしましょう。

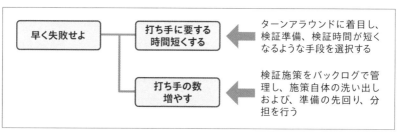

図6-13｜「早く失敗せよ」の指標

わからないこと（不確実性）を増やす

　ここまで、仮説検証型アジャイル開発によってわからないことをわかるようにする、それもターンアラウンド最小化の観点を用いて「できるだけ早くわかるようにする」重要性を説明してきました。こうして、わからない中でわかるところを作っていく、その積み重ねで新たに取り組む事業やプロダクトに関す

る理解を広げ、深めていく。その学びによって、顧客にとって価値のある取り組みに仕立てられるようにしよう、というのが仮説検証型アジャイル開発の狙いです（**図6-14**）。

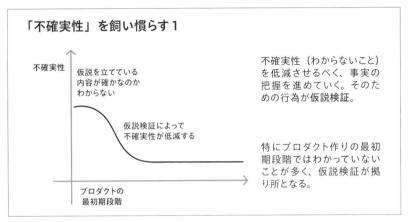

「不確実性」を飼い慣らす1

不確実性

仮説を立てている内容が確かなのかわからない

仮説検証によって不確実性が低減する

プロダクトの最初期段階

不確実性（わからないこと）を低減させるべく、事実の把握を進めていく。そのための行為が**仮説検証**。

特にプロダクト作りの最初期段階ではわかっていないことが多く、仮説検証が拠り所となる。

図6-14 │ 不確実性を飼い慣らすモード1

一方で、ただひたすらに「わかる範囲」を増やしていくことが、そのまま勝ち筋になるわけではありません。仮説検証で確かめたい観点で挙げた3つ目の「可能性」を広げていくためには、ある範囲の理解を明確にしているだけでは壁に突き当たってしまいます。事業やプロダクトの可能性を広げるためには、獲得した知識の範囲から外に向かって、踏み出していく動きが求められるようになります。

つまり、あえて「**わからないことを増やす**」活動が必要になるということです（**図6-15**）。不確実性を低減するための取り組みであったはずが、ある時点からは「不確実性を高める」動きを取らなければならないというのは、直感に反することでしょう。それでも、わかっている範囲から踏み出していく選択肢を持てるようになっていなければ、壁に突き当たり先に進められなくなります。

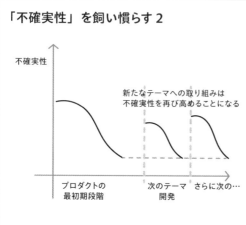

「不確実性」を飼い慣らす2

不確実性

新たなテーマへの取り組みは
不確実性を再び高めることになる

プロダクトの　　　　次のテーマ　さらに次の…
最初期段階　　　　　開発

新たな取り組みや価値提案ほ
ど、不確実性が高い。ゆえに、
**不確実性をゼロにすることが
事業の目的とはならない。**

プロダクトの価値を高めていく
ためには新たなテーマや機能
性へと挑むことになる。特に
最初期に提供するプロダクトと
はMVP（Minimum Viable
Product）であることが多く、
価値も限定的。

不確実性を低減させていきな
がら、意図的に**不確実性を招
き入れるような取り組み**も行
う。

図6-15｜不確実性を飼い慣らすモード2

あえて「わからないことを増やす」ための方針は2つあります。1つは、**多様
性でもって不確実性を高める**こと。チームにあえて、背景や経験、役割の異な
るメンバーを入れるようにして、その構成の多様性を高めるようにします。チー
ムの思考を均一に持っていくのではなく、メンバーのこれまでの経験による
考え方の違いを利用して、1つの検証結果から多様な解釈を引き出せるように
するのが狙いです。

チームの思考が多様になると物事の進行、合意形成にいちいち時間がかかっ
てしまい、むしろターンアラウンドを落としかねません。しかし、それでも局
面によっては、チームの多様性を高めてでも、わからないことを増やすほうに
越境しなければならないのです。もちろん、合意形成を取りやすくするために
基本的な仮説の可視化のために仮説キャンバスなどを用いるのは前提です。そ
の上で、チームとしての仮説のアップデートや方針変更に向き合う機会をあら
かじめ置いて、意思決定に関する「ゆらぎ」をコントロール可能にしておきま
す**6**。チームの多様性が高まるということは、その分意思決定上の「ゆらぎ」が
起きやすいということです。このゆらぎが頻繁に起きると、探索活動全体の時
間がかかりすぎてしまう。ゆえに、ゆらぎが起きるポイントを局所化し、全体

---

6 チームの多様性が増すほどに判断軸が異なることが増え、チームとしての意思決定の際に基準のば
らつきが生じやすくなる。その上で好き勝手なタイミングで意思決定ができるようであると、チームの
歩みは遅々として進まなくなり、混沌としかねない。

としてゆらぎすぎが続くということを防ぐのが作戦です。

　たとえば、月に1回程度の頻度でチームの仮説キャンバスを見直す日をあらかじめ決めておき、現状チームが合意している仮説以外での意見や新たな仮説の提示を行えるようにするということです。「そろそろ仮説を見直したほうがよいかもしれない」という状況見合いで行うのではなく、こうした向き直る場を定期化しておきましょう。場が固定的に開かれることで、定期的に「あえてゆらがしてみる」というスタンスも取ることができるわけです。

　不確実性をあえて増やす、もう1つの方針は、「**あらかじめ考える軸**」を設け**ておく**というものです。これを**多次元からの捉え**と呼んでいます（**図6-16**）。

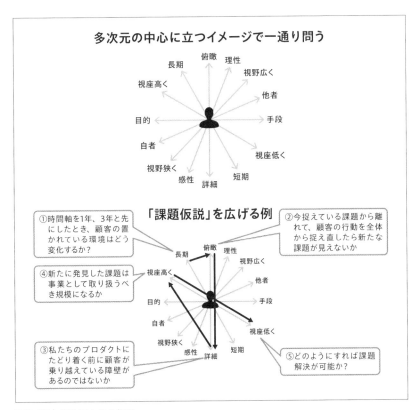

図6-16｜多次元からの捉え

　選択肢が広がるように思考を広げる、逆の視点を持つようにする、ということを思いつきだけで行っていくのは無理があります。どういう視点で物事を捉

えるか、その視点自体が数多く考えられる中で「今の状況に最も適した視点を用いて考え直す」というのはかなり難しい行為と言えます。特に、今行っていることを否定することになりかねないような「逆の視点」に立って評価する、というのはどうしても避けたくなるものです。とすると、**最初から視点のほうを並べておいて、総当たりで可能性を探る習慣を置いたほうが分がある**と言えます。そもそも複数の視点で物事を見るというのが得意な人は少ないはずです。なおさら、視点のほうを先に用意して、思いつきや感情に頼ることなく、ある意味機械的になぞったほうが取り組みとして成り立つというものです。

あえて不確実性を高める、というのは応用的な取り組みです。ここまでたどり着くために仮説検証型アジャイル開発を現場で具体的にどう実践するか、また組織の取り組みとしてはどう扱うべきか理解を深めて備えましょう。

<現場実践>
仮説検証型アジャイル開発の5つのジャーニーをたどる

仮説検証型アジャイル開発の本質「セットベース」と「MVP戦略」

仮説検証型アジャイル開発を実践するにあたっては、その背景にある「**セットベース**」という考え方を理解しておく必要があります（**図6-17**）[7]。セットベースは、仮説検証型アジャイル開発の全体にわたって影響を与える指針となります。意思決定に対する「選択」の幅を広く挙げ、その上で明らかに適合しない選択肢を検証によって落としていく。選択を広げる、絞り込みをかける、この繰り返しの運動を仮説検証型アジャイル開発の全体を通じて行うことになります。

[7] セットベースという考え方はリーン製品開発という製品開発論から受け継いでいる。リーン製品開発はトヨタ製品開発の系譜に連なるもので、トヨタ製品開発が海外に渡り整理され、日本に逆輸入された流れを取る。

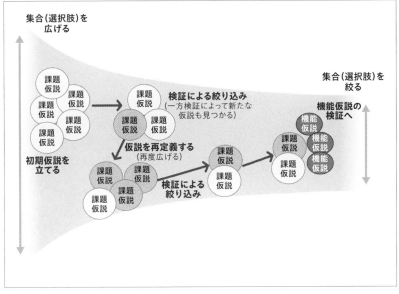

図6-17 | セットベース

　セットベースのセットとは、「**集合**」を意味する言葉です。最初から1つのアイデアに決め打ちするのではなく、できる限り選択肢を広く取り、その中に「可能性」を込めるというものです[8]。ここでいう可能性とはもちろん、想定顧客が価値があると感じられるアイデア、仮説が入っているかどうかです。そもそも、選択の中に価値に繋がる仮説が入っていなければ、どれだけ検証を重ねたところで、どれだけアジャイルにスプリントを繰り返したところで、価値がもたらされることはありません[9]。

　1回の仮説検証で、価値の発見に至れるわけではありません。むしろ、最初の仮説のセットの中には、価値に繋がるものがないというのはよくあることで、検証によってそのことが明らかになってしまうものです。ですから、検証の結果を踏まえて、新たに仮説のセットを練り上げて、再び仮説検証へと臨むのです。

8　最初から1つに決め打ちし、その後の計画を固めて進めていくことを**ポイントベース**と呼ぶ。

9　当たりのないくじを引き続けるようなもの。本当に当たりが入っているのかどうか誰にもわからないところに、事業作りの難しさがある。

選択肢を広げて絞り込みを行う、この繰り返しを続けながら、仮説検証型ア
ジャイル開発の全体としては少しずつ段階が進むことになります（**図6-18**）。

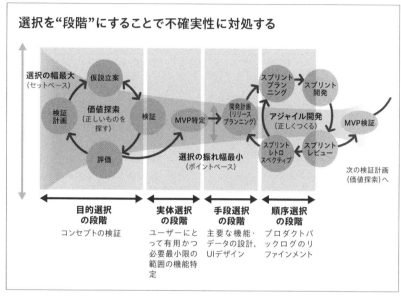

図6-18 │ 仮説検証型アジャイル開発の4つの段階

段階は4つあります。まずもって「**何を目指した事業、プロダクト作りなの
か**」という問いに答えられるようにならなければなりません。まさしく、どう
いう目的を置くのかというコンセプトの立案とその検証が、最初の山場である
仮説検証（価値探索）の段階にあたります。まず、ここが突破できなければ価
値の仮説が確認できないということで事業、プロダクト作りは頓挫します。

価値の検証が終わり、誰のどんな課題の解決、要望の充足に資する事業、プロ
ダクトなのかが答えられるようになったところで、次の段階へと移ります。目的
が定まったということは「**何が価値なのか**」を説明できるようになっているは
ずです。実体選択の段階では、価値仮説を最も的確に捉えたプロダクト、MVP
の特定を行います。想定顧客にとって、実用的あるいは意味のある機能性を
最小限の範囲の下で絞り込みます。ここで、最小限に実現範囲を絞り込むのが
極めて重要です。もし、ここで可能な限り広範囲に実現しようと舵を切った場
合何が起きるでしょうか。

その後の実現手段の選択段階では、相応のアーキテクチャ設計、機能やデータ

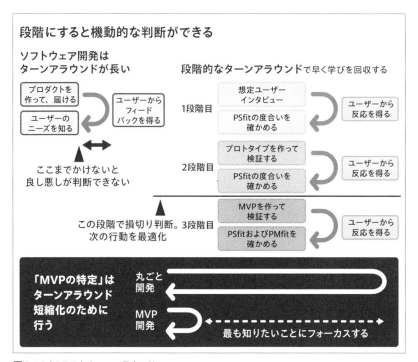

の設計が求められ、実装のためのチームは複数の編成となり、規模の大きな開発を回していくことになります。実現にかける時間とコストは大きくなり、それでいて顧客が必要としているものかどうかの判断がつかないまま、状況を進め、リスクをこの上なく高めてしまいます。ターンアラウンドで説明したように、検証がないまま作り進めていくのは「間違えている期間の最大化」を招き、危険です。

　むしろ、実体選択以降の期間はできる限り短く駆け抜けていきたいところです。実体選択から手段選択を経て、MVPの完成・検証を行うまでの期間がターンアラウンドにあたるためです。学びの到達まで最短時間で走り抜けるための戦略がMVPなのです（**図6-19**）。「小さく始める、小さく作る」というのは、「早く結果を得る」ということであり、その分「**次の意思決定を早く行える**」ということです。MVP戦略が重要なのは作りすぎのムダをなくす（リスクを減らす）という観点だけではなく、意思決定と行動の最適化を頻繁に行うことで早く目的の達成を得るところにあります。事業やプロダクト作りにおける目的の達成とは、もちろんPSfitであり、PMfitを果たすということです。

図6-19 | MVPとターンアラウンド

さて、ここからは仮説検証型アジャイル開発の各段階をさらに詳しくたどっていきましょう。段階という言葉を用いると、一直線にたどっていくイメージを持たれるかもしれませんが、実際には繰り返し行う段階もあります。まずもって目的選択の段階は、課題仮説の検証とソリューション仮説の検証で少なくとも2回以上繰り返すことになります。こうした繰り返しの可能性も前提に置いて、仮説検証型アジャイル開発の全容は5つのジャーニー[10]から構成されています（**図6-20**）。

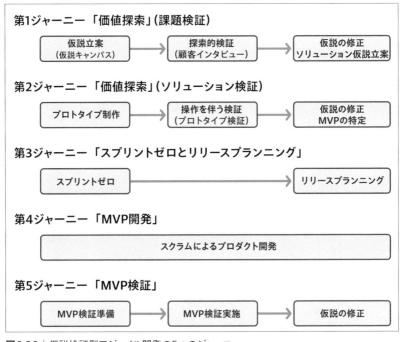

図6-20 | 仮説検証型アジャイル開発の5つのジャーニー

実際には最初のジャーニーを終えたときに期待どおりのPSfitの兆しが得られず、再度顧客インタビューに臨む可能性もあります。その場合は、追加のジャーニーを行うことになります。つまり、仮説検証型アジャイル開発のジャーニーとはあらかじめ定めたタスクをただ順次消化して行けば、ゴールにたどり着けるといった直線的なものではありません。課題仮説の検証が終わらなければ

---

10 ジャーニーとは、第2章で説明したとおり、特定の果たすべきミッションを背負った時間サイクルのこと。その長さは一定ではなく、ミッションに応じて長短がある。

第1ジャーニーを繰り返す、ソリューション仮説が課題にフィットするまで第2ジャーニーを繰り返す、といった反復を前提とするものです。

　5つのジャーニーを経て、どこにたどり着くのが目的なのでしょうか。第5ジャーニーを終えた段階で、MVPの検証を終えることになります。ここで取り組む事業、プロダクトについて、利用体験を含めたユーザーからの反応、評価が得られることになります。PSfit、PMfitの評価を行い、その後も継続して事業、プロダクトを磨いていくのか、MVPの時点で方針転換を行うのか、あるいは進行を止めるのか、判断を行います。

第1ジャーニー「価値探索（課題検証）」

　さて、最初のジャーニーを出発しましょう。第1ジャーニーでは、課題仮説の検証が主眼となります。この段階では「**どのような課題仮説を対象とするのか**」を決めるための検証を行います。さらに、次の段階（第2ジャーニー）にて、課題を最も適切に解決する手段が何かを確かめるための検証を行います。第1ジャーニーで課題を仮説立て、第2ジャーニーでその解決手段を特定する、この両者が成り立つことでPSfitの確からしさを理解するわけです。

　解決するべき課題も解決手段の特定もどちらも固定せずに同時に仮説を動かし続けようとすると、一向にPSfitが確認できるかみ合わせが得られません。いつまでも価値探索の段階が続くことになります。セットベースの考えに則り、選択肢を広く取り続けると言っても、固定する一点がなければ着地が見えてきません。

　課題と解決手段のどちらを先に固定するべきでしょうか。もちろん、手段ありきとならないよう解決するべき課題を知ることから始めます[11]。この「何を解決するべきなのか」を特定するために、仮説キャンバスを用いて複数の観点から仮説を構想していきます（**図6-21**）。

---

11 手段ありきの場合は、ある技術要素がすでに存在していて、それをどのように活用するのかという取り組み方になる。多くの場合、この流れは分が悪い。

目的　われわれはなぜこの事業をやるのか？			ビジョン　中長期的に顧客にどういう状況になってもらいたいか？		
実現手段 提案価値を実現するのに必要な手段とは何か？	**優位性** 提案価値や実現手段の提供に貢献するリソース（資産）が何かあるか？	**提案価値** われわれは顧客をどんな解決状態にするのか？ （何ができるようになるのか）	**顕在課題** 顧客が気づいている課題に何があるか？ **潜在課題** 多くの顧客が気づけていない課題、解決を諦めている課題に何があるか？	**代替手段** 課題を解決するために顧客が現状取っている手段に何があるか？ （さらに現状手段への不満はあるか？） **チャネル** 状況に挙げた人たちに出会うための手段は何か？	**状況** どのような状況にある顧客が対象なのか（課題が最も発生する状況とは？） **傾向** 同じ状況にある人が一致して行うことはあるか？
	評価指標 どうなればこの事業が進捗していると判断できるのか？ （指標と基準値）				
収益モデル どうやって儲けるのか？			**想定する市場規模** 対象となる市場の規模感は？		

図6-21｜仮説キャンバス（再掲）

　仮説キャンバスを埋め切ることが目的ではありません。仮説を構想した後は、さっそく検証する必要があります。検証の手段も様々取りようがありますが、最初期の段階では「顧客インタビュー」を行うのが王道です。想定顧客の置かれている状況、そこで取られている行動、行動の背景にある思考や感情、優先度や判断基準など思いのほか把握できていることが少ないものです。最初のインタビューは検証というよりは実態把握に近い内容になるでしょう。仮説キャンバスを作るのを難しく感じる場合は、まずは想定顧客のことを深く理解するためのインタビューに早期に入ったほうがよいでしょう[12]。

　次に、第2ジャーニーでプロトタイプを制作しさらなる検証を行うわけですが、第1ジャーニーではソリューション（解決手段）の仮説は検証しないままでよいのでしょうか。ソリューションの規模がそれほど大きくなければ早々に制作に入って検証を早く行うという流れでも良いですが、課題仮説の検証とプロトタイプ検証の間にもう1段階挟む選択もあります。より簡易的なプロトタイプ（紙芝居レベル）やソリューションのイメージがわかる資料や動画などを作りインタビュー検証を行います。そうなると、第1ジャーニーはメインの課題仮説のイ

12　「調査」と「検証」は異なる。実態把握は調査に近い。仮説が立たない場合はまずは調査から行い然る後に仮説を立て、検証へと進む。

ンタビュー検証の前後に追加のインタビューが入ることがあります（**図6-22**）。

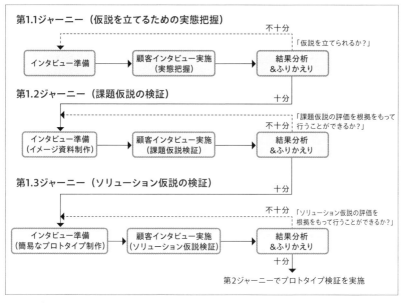

図6-22│顧客インタビューの種類

　1つ1つのインタビュー検証の結果から次に進めるだけの判断材料が得られているかを確認し、仮説を評価するための根拠が乏しい場合は再度インタビューを行う判断ももちろんあります。第1ジャーニーのインタビュー検証は何度も繰り返し行うつもりで臨みましょう。

　さて、このインタビュー検証は何名くらいを対象に実施する必要があるのでしょうか。必ず何名以上インタビューを行うこと、という明確な基準があるわけではありません。解決に値する切実な課題の発見と、その解決手段の仮説が立てられて、インタビューでの反応の上でPSfitが確かめられるまで続けることになります。一応の目安として、1回のインタビュー検証は**10名1セット**で行うようにしましょう。3名〜5名程度では検証の数が少なく、判断材料としてよいのか迷いが生まれます。とはいえ、20〜30名の検証を必ず行わなければ判断ができないというわけでもありません。多くの場合10名を超えたあたりで同じような回答パターンとなり、徐々に新しい発見が少なくなります。ですから、10名1セットを基本とし、10名終えるたびに評価を行い、追加検証が必要かどうかを判断する動き方を取るようにします。この際の基準は、仮説を評価するに

あたって顕著な結果[13]が十分に得られているかどうかです。立てた仮説の期待どおりか、あるいは期待どおりではないのか、いずれか明確な判断ができないようであればもう10名1セットを追加して実施します[14]。

第1ジャーニーは、**図6-23**の条件に達したときに次の段階へと進みます。

前提	想定顧客の状況仮説を定義し、インタビューが実施できていること
完了条件	①解決するべき課題仮説が特定できている ②次のジャーニーで検証するべきソリューションのプロトタイプが特定できている(何をプロトタイプにすればよいか判断ができる) ※ソリューション仮説の評価がリアルに近い形で得られるようイメージ資料や簡易のプロトタイプ、動画などを用いて検証を実施していること
完了条件の評価基準	課題仮説およびソリューション仮説の評価がインタビュー結果から得られており、1セットの母集団に対して7-8割の期待反応が得られている(アーリーアダプターを特定できている)[15]
検証を終える判断基準	検証対象者を増やしても有効な情報が増えない(既知の情報しか得られなくなっている) → 仮説の再定義や検証方法の変更などを検討する

図6-23 │ 第1ジャーニー完了条件

第2ジャーニー「価値探索(ソリューション検証)」とMVP特定

第2ジャーニーでは、プロトタイプによるソリューション検証を行います。この段階を終えることによって、作るべきプロダクトの最初の姿が具体的になります。次の第3ジャーニーでは、実際にプロダクト作りを行う準備段階へと入ります。当然、プロダクト作りには相応の時間とコストをかけることになります。ですから、その前段階として、この第2ジャーニーでソリューションの有効性を確認しておくことが主眼となります。実際に構築する「以外」の手段でその検証を行う最終段階であり、この段階ではプロトタイプによる検証を行います(**表6-2**)。

---

13 たとえば、仮説に該当する回答が7割、8割程度で得られるかどうかなど、反応の強さで判断を行う。

14 その他、顧客インタビュー実施に際して、より詳細なインタビューの方法などについては参考文献にあたってもらいたい。

15 ここで先に確かにしておくのは検証結果を踏まえて「課題仮説からソリューション仮説」まで筋が通ること、整合性の確立である。その上で、検証を継続し、期待反応が1人2人ではなく一定数得られる状態が作れるかを確かめる。仮説検証を踏まえてアーリーアダプターを特定できていれば、高い期待反応を再現できるようになるはずである。7-8割の数字自体が目標なのではない。

表6-2 | 検証手段の種類

種類	説明
ランディングページやビジュアルイメージの資料	プロトタイプというよりはプロダクトの特徴を伝えるための1枚イメージ。第1ジャーニーで済ませておきたい
デザインツールを用いた静的なプロトタイプ	導線がある程度作り込めるため、ユーザーに簡単な体験が提供できる(特定の箇所を押したら前に進むなど)。第2ジャーニーでやるべき最低限のプロトタイプ
ノーコードツールを用いた動的なプロトタイプ	データを動的に用意できるなど、より実際の体験に近くなる。可能な限り、第2ジャーニーでここまで実施しておきたい。静的なプロトタイプから始めて、2段階目で動的なプロトタイプを用意するなど、第2ジャーニーの中で段階を設けてもよい

　何をプロトタイプとして表現して検証を行うべきでしょうか。プロトタイプの特定を終えるのが第1ジャーニーの完了条件でした。仮説キャンバス上で、解決するべき課題とそれをどのような解決状態にするのか（提案価値）、そしてそのために必要な実現手段が整理されているはずです。提案価値が表現できるよう、プロトタイプを制作するべきですが、第1ジャーニーとは違って想定ユーザーがプロトタイプに触るという体験が伴う[16]ため、ある狭い範囲のみ表現するのではなく詳細にプロダクト利用の流れをイメージできる必要があります。

　具体的には、**ユーザー行動フロー**を描きましょう（**図6-24**）。このフローを描くにあたっては、第1ジャーニーのインタビューで得られたユーザーに関する理解、知識を前提にするのは言うまでもありません。フローで表現している範囲すべてをプロトタイプで表現するのに分量が多いようであれば、フロー上で提案価値を特に表現する範囲を特定し、その分を中心にプロトタイプを制作しましょう。

---

16 ここからは、想定ユーザーも検証に参画していくことになる。このように、仮説検証とは一方的なテストの場ではなく、想定ユーザーを巻き込んだ、参加型の活動に仕立てていくことがよりリアルな検証結果、学びを得る効果的なあり方と言える。

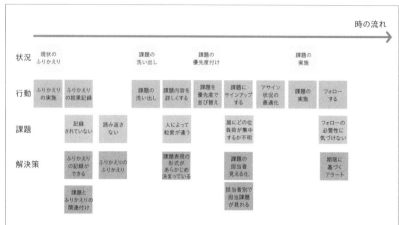

時の流れ →							

図6-24｜ユーザー行動フロー（内容は「タスク管理ツール」で例示）

　プロトタイプによる検証は、インタビューとユーザーテストで構成します。検証を始めるにあたってはまず、第1ジャーニーで用いたインタビュースクリプトをベースに最新の仮説に合わせてアップデートし、状況仮説と課題仮説の確認もあらためて行うようにします[17]。状況と課題の仮説は、ソリューションが有効に機能するための前提です。検証相手が仮説に適合しているのかあらためて確認を取ります。

　状況と課題についてのインタビューを実施した後がこの検証のメインです。プロトタイプを相手に触ってもらえる状況を作り、実際に試してもらいます。オンライン上でのユーザーテストの場合は、事前にプロトタイプへのアクセス情報を渡しておき、当日の進行に支障をきたさないように準備しましょう。事前に、想定ユーザーと同じ状況（オンラインならばオンラインで）で、本番さな

---

17 検証は全体で1時間程度で収まるように設計したい。すべてのインタビュー項目を再度行おうとすると、全体の検証時間が1時間を超えてくることになる。プロトタイプ検証では抜粋してインタビューを行う。

がらのテストを行っておくようにします**18**。

第2ジャーニー（**図6-25**）では、ソリューションの有効性を確認できるまで、プロトタイプを改変しながら繰り返し検証を行います。

前提	ユーザーが体験できるプロトタイプを用意し、ユーザー参加型の検証を実施していること
完了条件	課題仮説に対して有効なソリューション仮説が特定できている ※検証を経て、ソリューションに必要な機能性を概要レベルで列挙できる
完了条件の 評価基準	セット集団に対して7-8割の期待反応が得られている**19** ※検証対象者を増やしても有効な情報が増えない

図6-25 ｜ 第2ジャーニー完了条件

第3ジャーニー「スプリントゼロとリリースプランニング」

　第3ジャーニーは、MVP開発に入るための準備期間にあたります。第2ジャーニーを終えることで、ソリューションとして何を備えておくべきなのかについての理解を深めている状態になります。次の第4ジャーニーでその理解をMVPに表現するための開発を行うため、第3ジャーニーではより具体的に作るべき機能の見極めと開発に必要な設計やチーム作り、開発の進め方などを整えていきます。MVPとして「最小限の範囲を作る」といっても、つまりはプロダクト開発を行うわけですから、様々な準備が必要になります**20**。MVP開発は最初のスプリント「スプリント1」から始めることになりますから、その前期間のことを「**スプリントゼロ**」と呼称して、準備を行います（**図6-26**）。

18　お互いの画面の共有など、意外なところでリテラシーの違いによる問題が出てくることがある。事前にシミュレーションをしておきたい。

19　p.148の15と同様に、検証結果を評価する場合「PSfitが確認できて、なおかつ結果を繰り返し再現できること」を目指す。

20　このスプリントゼロの期間を作戦なく省略してしまうと、後の開発で大きな混乱を招くことになるので注意したい。

- MVPの特定（初期段階のプロダクトバックログを用意する)
- MVP構築にあたって必要な方式の検討や設計を行う
  ※プロダクトの全体に影響を与える方式や設計を対象とする
  ※機能個別の設計についてはスプリントで行う
- チームの体制作りとチームビルディング
- 開発プロセスの組み立てとチーム内での認識合わせ
- 開発のための環境整備

図6-26 ｜ スプリントゼロで行うべきこと

　第3ジャーニーで必ず行うべきことはMVPの特定です。MVPの範囲を決めて、必要と見定めた機能群を初期段階[21]のプロダクトバックログとして整理します（**図6-27**）。その後の方式の検討や設計はこのプロダクトバックログを軸に行うわけですから、その根本にあたるMVP範囲の特定は重要です。

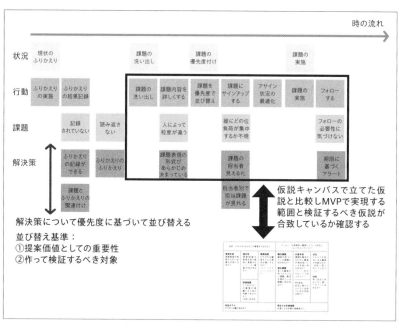

図6-27 ｜ ユーザー行動フローによるMVP特定

---

21 初期段階としているのは、あくまでMVP開発の最初の段階で捉えている機能群であることを強調するためである。作り進める過程でも、様々な発見がある。作るべき範囲も増えたり、減ったり変わる。プロダクトバックログは動的なリストであることを忘れてはならない。

　MVPの範囲は、第2ジャーニーの学びに基づいて、「**最もPSfitに貢献する機能群（課題解決に不可欠な範囲）**」でかつ、「**プロダクトとして利用可能な状態にしなければ検証できない対象**」に絞ることになります。この範囲の特定もユーザー行動フローを用いて行います。プロトタイプ検証によって、ユーザーの置かれている状況と行動についての理解はより深まっていますから、プロトタイプの制作時に用いたユーザー行動フローに比べると、より詳細に流れを構想できるはずです。

　プロダクトバックログの整備、開発チームの体制作り、チーム開発の進め方について理解を合わせる、MVP開発を始めるための準備には思いのほか、手がかかるものです。「開発開始が可能となる状態」のことを**開発レディ**と呼び、第3ジャーニーでは正しくこの状態を目指すことがゴールとなります。

　さらに、もう1つ第3ジャーニーで行うべき重要な取り組みがあります。それは「**リリースプランニング**」です（**図6-28**）。

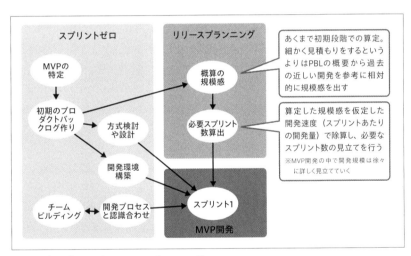

図6-28 ｜ スプリントゼロとリリースプランニング

　リリースプランニングでは、作るべきプロダクトに必要な「**スプリントの数**」を見立てます。プロダクトバックログが整理できれば、その開発の規模感もお

およそ見当をつけ始めることができます。規模感がわかれば、開発の速度22（スプリントあたりの想定開発量）を仮置きすることで必要な期間についても理屈上算定することができます。こうして、必要となるであろう「スプリントの数」を割り出すわけです。

　もちろん、この段階での算定は仮のところも多く、あくまでおおよその予測です。実際には、第4ジャーニーで開発を進めていく中で、作るべきものの内容、条件がより詳細となり、またチーム開発の実際の速度も見えてきます。ですから、スプリントを終えるたびに実績でもって「**あとどのくらいのスプリント数が必要になるか**」を更新していくことになります。

　こうしてスプリント数を見立てていくことにどんな意義があるのでしょうか。その狙いは3つあります。1つ目は、MVP開発の完了までに必要なおおよその期間を見立てて、その後のMVP検証が始められる時期を予測できるようにすることです。MVP検証の準備を、その予測にあわせて行うようにします。

　2つ目は、マイルストーンを置いて開発の進行状況の分析、判断をできるようにするためです。たとえば1か月分の2スプリントをかけておおよその範囲の開発を終えていたいか、さらに次の2スプリントではどうなっていたいかと見立てを行います23。こうした状態目標がマイルストーンとなり、開発の進行状況とマイルストーンを比べることで、進行状況として妥当かどうか、このまま進めても問題ないかどうかを判断できるようになります。

　3つ目は、予算の確保です。スプリントの数（MVP開発に必要な期間）が見立てられるということは、チームの維持費を想定することで必要な予算を見立てることができます。現実的なコスト算定を行っていなければ、やろうとしていることと体制が合わず、開発期間全般にわたって苦労することになります。

　この「残り必要なスプリント数」を見立てることを「**着地の予測**」と言います。着地の予測は開発を始める前に行って終わりではなく、MVP開発を進めて

---

22 この段階では開発前なので当然、チームの開発速度が実測値として置けるわけではない。ゆえに、最初は仮としておくことになる。実測値が出たところで、見直しを行う。

23 もちろんこの見立てもあくまでその時点その時点での仮置きである。開発を進める中で、開発の速度もわかるようになり、また優先度も変わっていくことがある。つまり、進行とともに見立て自体を変える要因が出てくるため、マイルストーンの再設定は適宜行う必要がある。

いる間常に見立てるようにします。具体的には**スプリントレビュー**[24]を終える
たびに、チームとステークホルダー全員で「残り必要なスプリント数」の認識
を合わせます。残りの時間があとどのくらいあって、その中で何に取り組むべ
きかを判断するためです。

前提	プロダクトに備えるべき機能性を説明することができる
完了条件	①開発レディになっている 　(1) MVPの範囲が特定できている 　(2) 初期段階のプロダクトバックログが積み上げられている 　(3) プロダクト全体に影響を与える方式検討や設計が完了している[25] 　　　－開発言語、フレームワーク、アーキテクチャ、データモデル（主要な概念レ 　　　ベル）、プロダクトの構造設計 　(4) MVP開発チームの体制決定と、最初のチームビルディングを行っている 　　　（インセプションデッキ[26]、ドラッカー風エクササイズ[27]など） 　(5) スクラムの理解をチームで合わせている。また、スクラムイベントの設計を終 　　　えている（いつ、どのスクラムイベントを行うのか） 　(6) 開発環境の整備を終えている 　　　－コミュニケーションツールや開発ツールの決定とその運用の理解 　　　－コードが書き始められるための準備 ②リリースプランニングを終えている
完了条件の 評価基準	①少なくとも(2)までを終えていること 　※(3)以降をスコープインさせない場合は、その分を第4ジャーニーにて行う ②スプリントの必要数を算出できている

図6-29｜第3ジャーニー完了条件

第4ジャーニー「MVP開発」

　第4ジャーニーで、MVPを開発します。多くの場合、スクラムで開発に取り
組むことでしょう。あとで触れるように、プロダクトに対してMVP開発中もフ
ィードバックを重ねていけるようにするためです。スクラムの作法や注意点に

---

24 スプリントレビューはスクラムで定義されるミーティングの1つ。スプリントを終えるタイミングで開催し、
当該スプリントで作り出したアウトプットをチームおよび関係者で確認し合う場である。その目的はア
ウトプットに対して、必要なフィードバックやより良いアイデアを挙げるためである。

25 設計とは、プロダクト全体に影響を与えるものと、機能個別の影響範囲で収まるものの2つの観点が
ある。後者は1つの機能で必要となる局所的な方式検討や設計、また個別機能にまつわるデー
タモデル、1枚のページに対するUIデザイン等が挙げられる。

26 10個の問いに答えていくことでプロジェクトやプロダクトのWHYやHOWを明らかにし、チームや
関係者の共通理解を育む手法。詳しくは『カイゼン・ジャーニー　たった1人からはじめて、「越境」
するチームをつくるまで』（ISBN：978-4798153346）を参照。

27 4つの質問（自分は何が得意なのか?、自分はどうやって貢献するつもりか?、自分が大切に思
う価値は何か?、チームメンバーは自分にどんな成果を期待していると思うか?）に対してチーム
で答えて、それぞれの得意技や価値観を明らかにするチームビルディングの手法。詳しくは『カ
イゼン・ジャーニー　たった1人からはじめて、「越境」するチームをつくるまで』（ISBN：978-
4798153346）を参照。

ついては類書（巻末の参考文献参照）をあたってもらうとして、ここでは特に「MVP開発」として留意すべき点を挙げておきます。

MVP開発の目的とは何でしょうか。もちろん、PSfitとPMfitを確かめるために不可欠となる「実際に利用できる、体験できる」状況を創り出すことです。第2ジャーニーまでにPSfitを確かめるための検証を重ねてきました。しかし、想定ユーザーは実際にプロダクトを試しての評価を行ってきたわけではなく、せいぜいプロトタイプを用いた疑似利用での評価だったわけです。MVPによる検証でようやく最もリアルな反応が得られる段階へとたどり着きます。ですから、機能を数多く作ることも、プロダクトのビジュアル全般に不必要にこだわることも、MVPの本来の狙いからは外れます。このように考えると、まず必要と見立てたMVPの範囲を「作り切ること」を第一に置く必要があるわけです。形ができてこないことには、MVP検証を始めることもできません。

範囲を特定し、作り切ることを目指すMVP開発は短期決戦となります。一方で、形作りを始めると何を作ろうとしているのかが傍から見ていてもわかりやすくなり、あれこれと意見が寄せられやすくなるものです。集まってくる意見について、適切に交通整理を行っていく必要があります。プロダクトの「提案価値」の向上に貢献するアイデアやフィードバックであればできる限り取り込みたいところです。しかし、必ずしも提案価値の向上に繋がらないような、あったら良いレベル（nice to have）な機能変更であれば、検証開始時期や予算を優先した判断を行うべきでしょう。

また、限定された範囲の規模感とはいえ、チーム開発が始まることになります。より上手くチームで動けるようになるためにチーム内でのコミュニケーションや認識合わせを十分に行っていく必要があります。目指すミッションに基づき、チームの方針を定めるべきですが、より大切なのは**ミッションや状況の変化に伴い、方針自体を変えられること**です。そして、**新たな方針に基づいたチームの行動とフォーメーション（体制と役割分担）を取っていくこと**が理想です（**図6-30**）。

MVP開発中	特定した範囲のプロダクトを作り切ることを優先する=「**プロダクトファースト**」
MVP開発以降	プロダクトの検証と磨き込みを継続的に行うため、長期的な活動に対応できるチームを目指す=「**チームファースト**」

※上記は方針切り替えの一例。実際には事業作りの進展に伴い、より細やかにチームのファースト（第一目標）を変えていくことになる。

図6-30 | チームの方針を状況に応じて切り替える

MVP開発の段階では「**二重のターンアラウンド**」を意識して取り組み進める必要があります（**図6-31**）。一重目は、MVPを開発し想定ユーザーに届け、利用してもらうことでその反応を得るためのターンアラウンドです。二重目は、スプリントを通じてアウトプットを作り進め、プロダクトオーナーや関係者によるフィードバックを得るためのターンアラウンドです。

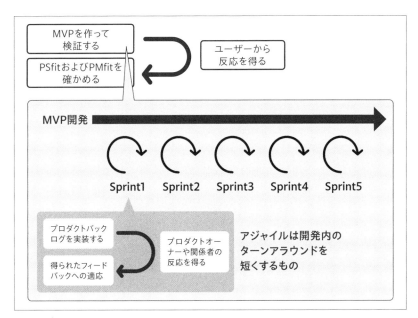

図6-31 | 二重のターンアラウンド

一重目のターンアラウンドを意識すると、開発途上であってもMVPを用いた検証を始められないかと考えるようになります。すべてのMVP範囲を作り揃えていなくても検証を始めることはできます。利用上必要な機能のセットが完成していないような状態でも、インタビュー形式で開発途上のMVPを見て、触っ

てもらうことでその反応や評価を得ることができます。完全に動くものになっていないとしても、その分人の手によって動作上の欠失を補完しながら検証を早めに行うことで、よりプロダクトに対する理解を早期に正すことができます。

　二重目のターンアラウンドを意識すると、スプリントレビューの重要性がより増すのを感じるでしょう。プロダクトオーナーや必要な関係者が多忙につき、スプリントレビューには参加できない――ということがいかに本末転倒にあたるかということがわかります。また、スプリントレビューを単なる確認の儀式で簡単に終わらせるのではなく、参加者全員が自分にユーザーを憑依させたつもりで「少しでもプロダクトがより良くなるアイデアを出す」という姿勢を求めるべきです。

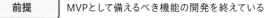

前提	MVPとして備えるべき機能の開発を終えている
完了条件	想定ユーザーがMVPを利用できる状態になっている（利用レディ）
完了条件の評価基準	仮説キャンバスの提案価値を実現するために必要な機能群が想定ユーザーにとって利用可能となっている

図6-32 ｜ 第4ジャーニー完了条件

第5ジャーニー「MVP検証」

　さて、いよいよ第5ジャーニーです。この段階では、もちろん仕上げてきたMVPを用いた検証の実施に臨みます。ここまでジャーニーを重ねてきて、いったんの区切りとなる段階です。MVP検証の結果によって、その後の活動が大きく変わるためです。それだけに検証の準備と実施に抜かりなく取り組む必要があります。MVPを作り上げ、動くプロダクトを目の当たりにすることでチームと関係者の士気も最高潮に達します。勢いがつきすぎてしまうと、検証を差し置いて一気に市場への展開に走ってしまうことが少なくありません。

　しかし、プロダクトの利用体験上に「穴」が空いてしまっているまま、広く届ける行為に打って出てしまうと結果はすぐに明らかになります。提供側が「MVPなのだから（まだホールプロダクト[28]ではないのだから）、利用上の不

28　MVPのような最小限の利用範囲ではなく、体験上必要となる機能性をすべて備えた完全なる製品のこと。

備も大目に見てもらえるだろう」というつもりであっても、ユーザーにとっては「1つのプロダクト」であり、前提なく評価が行われることになります。一度、「必要のないプロダクト」と烙印を押されてしまうと、たとえその後のカイゼンが重ねられたところでユーザーの目に触れる機会自体が訪れず、振り向かれることはないでしょう。MVPといっても、展開の仕方によっては命取りになるのです。あくまでMVPはまだ検証段階のプロダクトです。検証のためのプランニングを行いましょう（**図6-33**）。

検証キャンバス			テーマ：	
WHY	**何を検証すべきなのか**			
	検証すべき仮説 **今回の検証するべき仮説は何か？** （仮説キャンバス上の何を 確かめたいのか？）		検証対象の指標と事前期待 **検証でどのような指標を取るか** （何の指標がどのようになったら 仮説が確からしいと言えるか）	
HOW	**どのようにして検証するのか**			
	MVPのタイプ **プロトタイプ、動くMVP、人力MVP**		MVPが備えている機能、特徴 **検証で用意するMVPの特徴**	
	検証の方法 **どうやって検証を行うか**	検証の環境（対象、人数） **検証対象の人数など**		検証のスケジュール **準備から実施までの スケジュール**
WHAT	**検証して何を学んだか**			
	検証結果（事実） **検証から事実として得られたこと**		検証から学んだこと **得られた事実からわかったこと**	
	次にやること **わかったことに基づいて次にやるべきこと**			

図6-33｜検証キャンバス

　こうしたMVP検証のプランを立てるのはいつが良いのでしょうか。MVPの開発を終えてから、もしくは開発を終える直前に立てる、ということが多いかもしれません。しかし、それよりはもっと早く、MVP開発を始める前に一度立てることを推奨します[29]。検証キャンバスを作るということは、「MVPで検証するべき仮説とは何か？」「そのためにどんな機能性が必要になるのか？」とい

---

29 つまり、便宜上第5ジャーニーにて扱っているが、実際には第3ジャーニーで取り組んでおくことが望ましい。インセプションデッキなどをもとに整理するとよい。

った問いに向き合うことになります。いずれも、これから作るMVPの目的や特徴を簡潔に表現することになります。こうした理解をチーム、関係者で共通にしておくことで、これから始める開発の方向性を不用意にぶらさずに済みます。もちろん、開発を進めていく中で、検証内容が変わることもありえます。その都度、検証キャンバスをアップデートして、チームで認識を合わせながら進めましょう。

MVP検証で行うべき評価とは、プロダクトの実際の利用を踏まえた「PSfit」です。ここまでの段階的な検証で、PSfitは幾度となく評価してきています。しかし、実際の利用体験に基づく評価はこのMVP検証でようやく行えることになります。

MVP検証では、ユーザーの利用・行動データに基づく評価と、あわせてユーザーインタビューも実施します。利用・行動データは、プロダクトを客観的に評価するための正確な材料となりますが、一方でユーザーが利用過程においてどのような感情を持ったのかは数値データだけでは判断が難しいところがあります。主観的な評価も得るためにこれまでと同様にインタビューを実施することになるわけですが、これまでのジャーニーと異なり、ユーザーが実際にプロダクトを利用して行動を完結させる状況を作ることができます。プロダクトの利用過程の観察とインタビューを織り交ぜるユーザーテストを実施しましょう。

前提	MVP検証評価を行うにあたって十分な対象データを得ている ※定性評価：ユーザーテスト10件～50件程度 ※定量評価：たとえば1～3か月程度のユーザーの行動データ
完了条件	PSfitもしくはPSunfit（一致しない）の評価、判断ができている ※その判断の上、次にやるべきことが決められている (1) PSfitが判断できたためPMfitのための検証および施策実施へと移る (2) PSunfitが判断できたため仮説の再定義を行う
完了条件の評価基準	①インタビューによる定性評価 セット集団に対して7-8割の期待反応が得られている ②ユーザーの行動データによる定量評価 目標となるコンバージョンの達成度合いから判断を行う

図6-34 | 第5ジャーニー完了条件

さて、一定の対象データをもとにしたMVP検証を実施、PSfitの評価を実施した後は何をするべきなのでしょうか。この後は、PSfitなのか、PSunfitなのかによって、活動が大きく異なります。PSfitが判断できるならば、プロダクト利用を広げていくためのジャーニーへと段階を移すことになります。よりプロ

ダクトを磨きながら、広くユーザーに届けるためのチャネルの検証[30]を進めていくことになります。

　一方、PSunfitの場合は、そのUnfitとなった理由によって活動の中身が変わります。そもそもユーザーがプロダクトを理解できていない、機能を使いこなせていないなど、形態仮説が不一致だった場合はUXの見直しを行い、適したUIの模索を行うことになります。あるいは、機能自体がユーザーの課題解決や要望と一致していなかった場合は、機能仮説の立て直しが必要になります。形態や機能の調整で済めばまだよいですが、課題仮説自体を捉え間違えていた場合の状況は深刻です。ピボット（方向性の転換）が必要となり、新たな課題仮説を立て、その課題解決に必要な機能、形態の捉え直しを行うことになります。プロダクトへの影響は極めて大きく、作り直しになる可能性も高くなります。結果がすべて、ということで状況を受け入れる他ありませんが、ジャーニーを重ねる中での解釈、評価にどのような誤謬があってのUnfitなのか、次の行動に移る前にふりかえりましょう[31]。

<変革戦略> 仮説検証型アジャイル開発実戦の枠組みをつくる

事業創出の枠組みを作る

　仮説検証型アジャイル開発の主な活動は、現場にあります。組織レベルの取り組みとしては、どのような取り組みを行うべきでしょうか。組織的な活動としては、仮説検証型アジャイル開発による「事業作りの枠組み」自体を構築する動きが必要です。事業作りの枠組みは大きく2つ考えられます。1つは、事業創出のためのフェーズゲード（関門）を設けて複数のアイデアを流し込み、淘汰のプロセスで磨き込みを行いながら有望な企画を育てていくプログラムを構築すること（**図6-35**）。もう1つは、個別の事業テーマを主管する事業部門とその支援体制による混成チームで進める、協働型の事業創出です（**図6-36**）。

---

30 仮説キャンバスで捉えていた「チャネル」が有効に機能するかどうかは、実際には第5ジャーニーで、早めに検証を始めておきたい。

31 このようなふりかえりのことを**ポストモーテム**と呼ぶ。通常のふりかえりは、その内容を即座に次の行動に反映することができるが、ポストモーテムでは目の前のプロダクトではなく「次」の事業、プロダクト作りに資するカイゼン点の洗い出しを行うことになる。

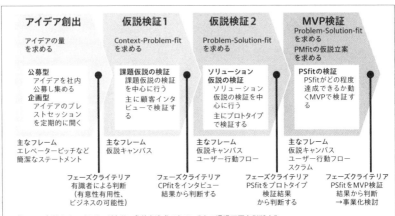

図6-35 | プログラム型の事業創出

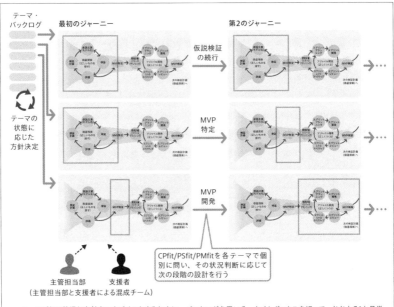

図6-36 | 協働型の事業創出

　プログラム型の仕組みは、新規事業創出の取り組みとしてはよくある施策です。オープンイノベーションを狙いとして、自組織内だけではなく、外部のスタートアップや起業家とともに取り組むアクセラレータプログラムとして存在することもあるでしょう。着目しておきたい点は、フェーズクライテリアの設計です。伝統的な事業開発の場合、フェーズクライテリアで問われるのは「収益性」や「事業規模」です。こうした観点を、事業構想の最初期から問うようにしてしまうと、それを突破することを主眼に置いた事業ストーリーを当然描くことになります。そうなると、（既存事業の基準として）まともな収益性と規模感を出すために既存事業の延長線のような事業企画になりがちになってしまいます。確からしい収益も規模も見立てられないような新規性の高い構想は、まったく通じないことになります。

　もちろん、ここまで述べてきたのは探索を前提とした組織変革の必要性とあり方です。DXにおける事業作りで、最初から確かな計画を求めること自体に矛盾があります。ですから、すでに事業創出のプログラムが存在している場合は、フェーズクライテリアの基準をPSfitやPMfitに合わせ直す必要があります。売上や利益などの、結果が出てからしか判断ができない遅行指標ではなく、次の行動や判断の材料となる先行指標をもとにした、取り組み評価を行いましょう（**図6-37**）。

| 遅行指標 | 結果で判断を行うための指標群。売上や利益など。 |
| 先行指標 | 原因で判断を行うための指標群。ユーザーインタビューの回数および、PSfitと判断できる反応の数など。 |

※遅行指標は最終的に達成したい「目的」にあたる指標が該当する。一方、先行指標は結果の原因となる指標、つまり「目標」にあたる指標と言える。
※「目的」を直接的に達成するための行動は挙げにくい場合が多い。ゆえに、直接的に行動の影響を作用させていく対象は「目標」のほうになる。

図6-37 ｜ 遅行指標と先行指標の比較

　協働型の事業創出のほうは、まずテーマ全体のマネジメントのためにバックログとタイムボックスを用いた運営方法を適用します。プログラム型と異なり、各テーマの状況や進み具合に応じたプラン設計となるため、その取り組み内容は個々別々様々となります。しかも、進行によって各テーマに対して必要な組織的な支援、優先度も変わっていくわけです。こうした動きのあるテーマ群の全体を管理していくための運営スキームとしてアジャイルは理に適っていると言えます。

各テーマとしては、主管的に取り組む事業部門と何を目指してどのような活動を行うかのプラン設計から行うことになります。具体的には、本章で示した仮説検証型アジャイル開発に則り、該当テーマがどこまで検証を終えているかによってやるべきことが定まります。最初期の段階であれば、まず課題の特定が確からしいか、課題仮説の検証から始めることになりますし、課題の特定が終わっているようであれば、ソリューション仮説の検証のためにプロトタイプの制作を行うことになります。仮説検証型アジャイル開発は協働型事業創出における1つの型と言えます。

変革戦略を遂行する立場としては、あるテーマでは仮説検証の段階を飛ばして第3ジャーニー（MVPの設計）から始めてしまうだとか、そうした取り組みのムラが出ないように事業創出をガイドしなければなりません。つまり組織としてのジャーニーの「型」を整備し、その啓蒙と教育、ジャーニーを実践するにあたっての支援体制を作る必要があります。この具体的な取り組み内容は第5部「組織のトランスフォーメーション」で解説します。

さて、「事業作りの枠組み」としては持つべき機能がまだあります。それは事業の「終わり」を用意することです。事業作りの枠組みとなれば生み出すほうが主眼となりがちですが、終わらせる機会を意図的に設けなければいつまで経っても事業企画が生き残り続けることになります。最も多いのはMVP検証以降での「**事業のゾンビ化**」です。MVP検証で思うような結果が得られず予算を思うように獲得することができなかった事業が、とはいえ積極的に中止させられることもなく担当者たちのガッツとパッションだけを頼りに続いてしまう状態です。事業担当者からすれば思い入れのある企画ですから、少しでも延命できるように組織への状況説明や説得を行おうとするものです。これは行き過ぎると、「いかにこの事業に芽があるか」と検証結果の評価を歪曲して伝えてしまうことにもなります。こうした終わり方を見失ったゾンビプロジェクトをいくつも残したままにしてしまうと、事業作りを担う貴重な人材が次の活動へと移れないままで、組織としてはあたかも負債を抱えるようなものです。ですから、「事業作りの枠組み」として事業企画の継続許容期間を設定して「終わり」を迎えられるようにします（**図6-38**）。

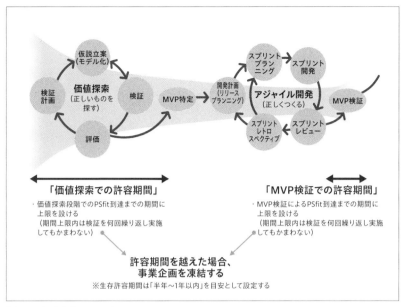

図6-38 | 許容期間の設定

　もちろん「許容期間を経過したがPSfitの兆しがあるので何とか続けたい」という担当者からの申し出も出てくるはずです。しかし、1年程度の期間を設けて検証を実施し、いまだPSfitの判断がつかないとすれば検証回数自体に不足があるとも考えられます[32]。期間があるにもかかわらず検証回数が足りないとすれば、担当者が仮説検証に十分に時間を投入できていないということです。やはり企画遂行の見直しをかける必要があるでしょう。

　さて、本章ではPSfitを主眼に解説してきましたが、MVP検証以降が事業創出の山場にあたります。次の章でこの山場を乗り越えるための算段を得ましょう。

---

32 ある一定期間内でどのくらいの検証が実施できているか（インタビューやユーザーテストの回数など）は、現場としてもマネジメントとしても測るべきである。この数値のことを「ケイデンス」と称し、十分にケイデンスが上がっているかを見るようにしたい。

DIGITAL
TRANSFORMATION

第 7 章　垂直上の分断を越境する

JOURNEY

垂直上の分断を越境する

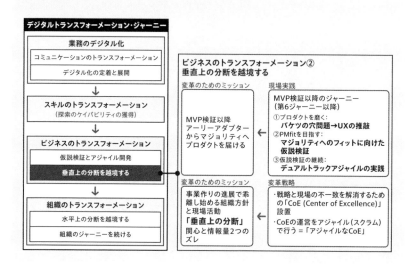

<変革のためのミッション>
垂直上の分断を乗り越えて事業作りを発展させる

MVP検証以降のジャーニーで直面する課題

　MVP検証を終えた後のジャーニーの描き方は、事業やプロダクトが抱える課題によって変わってきます。ただし、共通する観点があります。PSfitの次にPMfit（Product-Market-fit）を目指していくということです。想定顧客にとっての有用性もしくは有意性を確かめるのがPSfitならば、PMfitを目指し行うのは顧客により広く届けるための検証です。事業として期待する規模感にたどり着けるかどうかの見極めであり、そのためにどのような顧客にどうやって届けていくかの探索を続けていきます。ここからが事業として描いているビジョンを果たしていくための長いジャーニーの始まりと言っても過言ではありません。MVPの検証を終えて、ようやく事業作りが始まるのです。

　そもそもPSfitがMVPレベルで検証できていないうちは、ビジネスになるかどうかの判断は机上のものでしかありません。事業としてモノになっていくのかどうかは、想定顧客のリアルな反応を得るまでは誰にも判断ができません。MVP検証前のこうした状態にもかかわらず、先に述べたように目で見て触ることができる「わかりやすいモノ」が手に入ることで、さっそくビジネス展開を始めてしまうことが少なくありません。あくまで、「ビジネスモデルの検証」が先で、「ビジネスの展開」はモデルの検証を終えてからです。ビジネス展開の判断が先行してしまうと、そのために必要な体制作り、計画作りに早々に着手することになります。そうなると、「体制の維持のための収益計画」など本来まだ考慮する必要のない制約をさっそく背負うこととなり、事業作り上のいわば「ハンデ」を抱え込むことになります。あくまで、事業化はMVP検証でPSfitの可能性を判断してからです。

　PSfitの判断ができた後も、事業やプロダクトを「広げる」フェーズに一気に取り組めるわけではありません。多くの場合、MVP検証によってプロダクトの様々な課題に気がつくはずです。アーリーアダプターは、プロダクトが解決対象としている課題をより切実に捉えている顧客です。この想定ユーザーは切実となっている課題の解決を最も優先するため、プロダクトの機能の不足や使いにくさなど、多少の問題について受け入れてもらえる可能性があります。

　しかし、プロダクトの利用を広げるためには、アーリーアダプターの「次のユーザー」に届ける必要があり、「次のユーザー」はプロダクトの抱える「不足」についてアーリーアダプターとは異なる反応を示します。このプロダクトの「不足」とは何でしょうか。何が「不足」になりうるのかを理解するために、顧客が求める品質の考え方を示した**狩野モデル**を用いましょう（**図7-1**）。

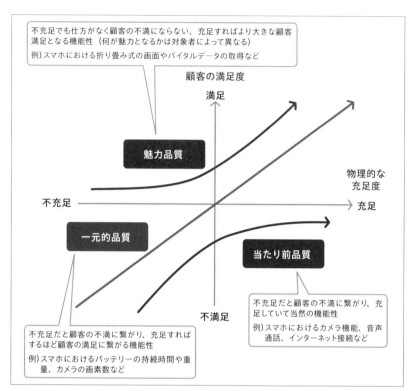

不充足でも仕方がなく顧客の不満にならない、充足すればより大きな顧客満足となる機能性（何が魅力となるかは対象者によって異なる）
例）スマホにおける折り畳み式の画面やバイタルデータの取得など

顧客の満足度

満足

魅力品質

物理的な充足度

不充足 ——————————————→ 充足

一元的品質

当たり前品質

不満足

不充足だと顧客の不満に繋がり、充足すればするほど顧客の満足に繋がる機能性
例）スマホにおけるバッテリーの持続時間や重量、カメラの画素数など

不充足だと顧客の不満に繋がり、充足していて当然の機能性
例）スマホにおけるカメラ機能、音声通話、インターネット接続など

図7-1 ｜ 狩野モデル

　プロダクトの「不足」とは、機能性が不足している場合に不満へと繋がる可能性がある「一元的品質」「当たり前品質」にあたるものです。たとえば、新しいスマホに特徴的な機能性があったとしても、バッテリーの持続時間やカメラ機能などが現状使用しているスマホよりも貧弱である場合、利用を見送ってしまうのが「次のユーザー」のイメージです。

　こうしたプロダクトの「不足」とは、プロダクトを利用する前に持っている**「事前期待」**に対応する課題です。どのような機能性を段階的に構築していくべきかは狩野モデルで想定をつけていくことになりますが、「次のユーザー」向けにはさらに気を払う観点があります。それは、プロダクトを利用する上での**「穴」**です。事前期待を乗り越えられたとして、プロダクトを実際に利用していく中での「わかりづらさ」「使いにくさ」について、やはりアーリーアダプターの許容度合いに比べて「次のユーザー」は厳しい場合が多いものです。これは恣意的な厳しさもあれば、そもそものリテラシーの違いも大きくあります。

こうしたプロダクトの部分的な機能不足やわかりづらさ、使いづらさが、そのままプロダクト全体の評価へと繋がるユーザー層です。ですから、ビジネスを広げる上ではプロダクトの「不足」や「穴」を放置しておくわけにはいかないのです。この「次のユーザー」を**追随者**（マジョリティ）と呼びます（**表7-1**）。

表7-1｜早期利用者と追随者の比較表

	早期利用者(アーリーアダプター)	追随者
新しいプロダクトへの反応	対象の課題が顕在化しており、新しいプロダクトへの反応感度が高い。これまでの習慣や行動と多少異なることになっても、課題解決のためにまず「試してみる」を選ぶ。 その結果、課題解決が可能であれば多少の機能不足や使いにくさがあったとしても、状態を受け入れて利用してくれる	対象の課題が早期利用者に比べると際立っていない、あるいはまだ潜在化している（解決を諦めている）。 それゆえに自分から課題解決に動いてない。新しいプロダクトへの反応は高いわけではなく、これまでの習慣や行動に照らし合わせて、利用するかどうかを判断する。それゆえに利用事例が揃っていたり、周囲が利用したりしていたら、手を伸ばし始める。判断基準が強い解決意欲に基づくものではないので、機能不足や使いづらさが利用判断の1つになる

アーリーアダプターは少数派であり、多くの場合、この領域だけをユーザーとして捉えてもビジネスが成り立ちません。アーリーアダプターの次の段階として、追随者の取り込みが問われることになります。追随者も、よりアーリーアダプターに近い領域（アーリーマジョリティ）から、遠い領域（レイトマジョリティ）まで分類ができるはずです。まずは、アーリーアダプターで得られた学びが十分に活かせるよう、近い領域からの取り込みを目指します。

こうしてプロダクトがフィットする顧客領域を増やしていくこと、またそのために求められるプロダクトの機能性やユーザービリティを充実させていくことがPMfitの観点となります。PMfitを進めていくにあたってもそれまでのジャーニーと同様に、対象とする顧客についての仮説検証を継続させることになります。ですから、PSfit以降は、プロダクトの開発と仮説検証が並走する状況になっていきます。

戦略と現場の不一致（垂直上の分断）

　事業作りそのものの困難さに立ち向かうかたわら、MVPが完成し展開を始めるあたりから組織構造に基づくある課題が顔を覗かせ始めます。それが、本章の主題となる**垂直上の分断**です。垂直上の分断とは、組織としての方針と実活動を担う現場との間で認識や意図がかみ合わず、結果として成果を上げられない事態を招くことになる、組織構造上の問題のことです。

　こうした問題に直面する事態で飛び交う、代表的な言葉があります。経営やマネジメントからの「現場がやっていることがわからない」「現場の取り組んでいる優先度が合っていない」であり、現場側からの「上位層は、現場のことがわかっていない」「組織としての方針がわからない、見えない」といった発言です。何のために、何を優先して取り組むべきなのかが合致していないということです。

　もちろん、こうした不一致を放置するわけにもいかず、解消へと持っていこうとするわけですが、ある「2つのズレ」がさらなる衝突やコミュニケーションに要するコストを高めていくこととなります。2つのズレとは、**関心**と**情報量**です。経営側が持っている関心と現場側の関心の乖離、これはそれぞれが置いている「視座」の違いによって生じるものです。経営・マネジメント側は組織全体を見渡す視座、現場側は目の前のプロジェクトに対する視座と、それぞれが担っているものから違いが生まれるのは至極もっともなことです。関心が違えば、判断基準も異なります。目の前のプロダクトを一気に市場で広げる動きを取るのか、よりPSfitの度合いを高めるべくプロダクトを磨いていくべきなのか。事業という観点に立てば前者に比重を置き、プロダクトという観点に立てば後者にまずは注力したい、というように判断基準がかみ合わない場合が出てきます。

　そうした判断基準のズレを助長するのが情報量の違いです。事業やプロダクトの課題や、顧客の反応など事業のイマココの状況については、最前線の現場が最も情報量を厚く持つものです。経営側は当然ながら現場ほどの解像度を持って事業を見ているわけではありません。一方で、組織全体としての状況、方針に関しては経営側が手厚く握っており、現場とはまた異なる観点を持っているものです。関心と情報量の違いが、経営と現場の間の不一致を作り続けるのです（**図7-2**）。

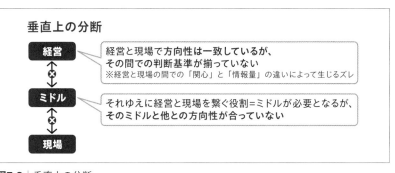

図7-2 垂直上の分断

　垂直上の分断は、事業開発、プロダクト作り全般にわたって発生しうる課題ですが、やはりMVPを構築し市場に問い始める際により顕著に表れてきます。MVPという至極わかりやすいモノができることで、様々な解釈や判断ができるようになるため、経営と現場の間での判断基準の不一致（垂直上の分断）が生じ、やがて決定的になっていくのです。このように、プロダクトとは否が応でも組織内の注目を集めることになりえる存在と言えます。関係者から寄せられる様々な期待がかえってプロダクトの舵取りを不安定にさせていくことがあります[1]。「プロダクトとしてどうあるべきか」「次に手がけるべきことは何か」といった根本的な観点での認識の不一致が捉えられておらず、そのまま進行を重ねて行った先で認識違いの大きさに初めて気がつく。当然その後の事業運営、プロダクトマネジメントに与えるハレーションは大きく、チーム内チーム外との信頼関係を損なう事態に発展することにもなりえます。

　こうした垂直上の分断は、プロジェクトの最初期の段階においても経営と現場での取り組みの狙いやゴールなどが一致しないという形で現れることがあります。多くの場合はその不一致を解消するべく、経営と現場の間に立つ役割が存在するものです。特に組織規模が大きく、伝統的な階層状の組織構造を持つ企業においては、必ずと言っていいほどミドル層、ミドルマネージャーの存在があります。ところが、このミドル層が分断に対して機能しない、それどころか分断を助長する役割に回ってしまうところが「垂直上の分断」の難しいとこ

1　こうした組織内の期待が集まる状況を逆に利用することもできる。プロダクト作りを通じて、組織内にモダンな「価値観」や「方法」を伝播させることである。プロダクト作りには「アジャイル」や「リーンスタートアップ」など、組織が新たに獲得するべきエッセンスが前提として必要になる。プロダクトに耳目が集まるならば、そのプロダクトを生み出すために必要となることを組織に伝えるチャンスともなるということだ。

ろです。まとめると、垂直上の分断とは特徴の異なる2つのコミュニケーション課題のことを指します（**図7-3**）。

---

(1)経営・マネジメントと現場の間での状況認識、意思決定の乖離
→適切に状況の共通理解を育む体制や仕組みがない

(2)ミドル層が介在することによる状況理解、意思決定の分断
→総論としては賛成するが各論としては現状維持のバイアスが働きやすい

図7-3 | 垂直上の分断に至る2つの背景

　組織としてDXに取り組むことに総論として賛意を得ていながら、目の前のプロジェクト、プロダクト作りの判断としては現状維持を選択してしまう。なぜ、こんなことが起きるのでしょうか。意欲的な事業、プロダクト企画、野心的とさえ言える技術面、プロセス面での挑戦。組織のDXをリードしうるプロジェクトとして、当然そこに込める期待は大きく、この取り組みで一気に結果を出そうとチームの当事者だけではなく、取り巻く関係者の熱量も大きい。そんな中で、プロジェクト管理を担うミドル層が考えることとは、新たな取り組みによって積み上がるリスクの大きさと、このプロジェクトが失敗に終わったときに問われる責任の所在です[2]。

　「様々な新しい取り組みを手がけよう、始めようとするのはよい。しかし、この目の前のプロジェクトで盛り込む必要があるのか」。将来に向けて勝ち得る可能性がある成果に目をつむり、これまでの判断基準に照らし合わせると手に取るように見えてくるリスクを回避するべく、従前の方法に倒してしまいます。この傾向のことを「**現在志向バイアス**」と言います。こうして総論賛成、各論現状維持の構図ができあがります。現場側は当然にフラストレーションを募らせることになりますし、何よりもDX自体が進みません。

　しかし、こうした意思決定を行うミドルマネージャーを一方的に非難することはできるでしょうか。プロジェクトという範疇でコミットできる内容を超えている場合、リスクを回避しようとするのは当然の判断と言えます。また、立

2　こうした総論合意、個別には取り組み回避の例はあらゆるものを対象に起こり得る。プロセスとしてはアジャイル開発、技術としてはクラウドサービスの利活用、仕事や開発を進める上でのツールの採用。

ち上げにおいて許容されていた失敗の可能性が、果たしてプロジェクトを終えるときにも同じように許容されるのか。取り組みの期間が長期にわたるほど不安材料となります。

つまり、プロジェクトで受け入れられるレベルを超えるような意思決定を、プロジェクトチームに求めるところに無理があるのです。組織にとって新規性の高い取り組みについては、組織からの支援を得られる体制を用意する。そうしたコミットメントをプロジェクトチームだけに押し付けるのではなく、組織として担う必要があるということです。

本章では、まず現場実践編としてMVP検証以降のジャーニーについて解説し、その後の変革戦略編でこの垂直上の分断をどう乗り越えるか扱います（**図7-4**）。

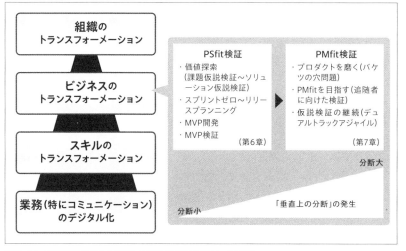

図7-4｜MVP検証以降の課題＝PMfit検証と垂直上の分断

＜現場実践＞
PMfitに挑戦する

プロダクトを磨いて、バケツの「穴」をふさぐ

最初に、MVP検証以降のジャーニーで必要となる3つの観点を示します（**図7-5**）。

プロダクトを磨く

・ユーザー行動フロー上での「バケツの穴」を可視化する
・「バケツの穴」をふさぐために「UXの推敲」(内部での推敲、外部との推敲)を繰り返す

PMfitを目指す

・PMfitの前提となる「追随者」についての仮説を立てる
・プロダクトの「不足」を補完する
・追随者との接点を開けるよう、特にチャネルについての検証を行う

仮説検証の継続

・仮説検証とプロダクト開発を並走させる(デュアルトラックアジャイル)

図7-5 | MVP検証以降のジャーニーで必要となる観点

MVP検証後にまず行うことになるのは、早期利用者における「**バケツの穴問題**」です。あとで触れるように、PMfitのためには追随者向けのプロダクトの「不足」や、追随者にとってのプロダクトの「穴」を解消していく必要がありますが、その前段階としてそもそも早期利用者が使う時点で捉えられる「穴」をふさぐ必要があります。早期利用者にとっての「穴」はもちろん、追随者にとっての「穴」にもなりえます。利用者拡大のための施策に振り切る前に、こうした「穴」をふさいでおかなければ、穴の空いたバケツで水を汲んで浴槽に溜めようとするようなもので、いくらユーザーを獲得してきても利用者が増えることはありません。プロダクトの状態を評価する指標に用いられることが多い「AARRR(アー)[3]」上で、「穴」を捉えるための観点を手にしましょう(**図7-6**)。

3 プロダクトの状態を「Acquisition(獲得)」「Activation(活性化)」「Retention(継続)」「Referral(紹介)」「Revenue(収益)」の5つの観点で評価するモデル。

Acquisition（獲得）
ユーザーがプロダクトの「入り口」に立ってくれた状態。マーケティング、PRによってまず「入り口」にたどり着いてもらえるようにする

Activation（活性化）
プロダクトの「入り口」から実際の「利用」へと進んでいる状態。ユーザー登録およびその先の機能を利用してもらえるようにする

Retention（継続）
プロダクトの「利用」が継続している状態。最初の1回だけではなく継続的にプロダクトに復帰して機能を利用できている。継続を促すための機能提供や働きかけを行うようにする

Referral（紹介）
プロダクトの存在や利用を他者に働きかけてくれている。紹介したくなる、直接的または間接的なインセンティブを設計する

Revenue（収益）
プロダクト上で「収益」をもたらす活動を取ってくれている

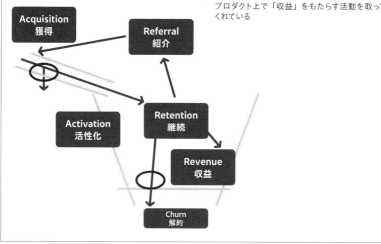

図7-6 ｜バケツの穴問題

　最初の穴はAARRRの2つ目のA、Activation（活性化）です。Activationとは実際の利用のことです。まずここが始まっていなければ、いくら機能の作り込みやAcquisition（獲得）にリソースをかけたところで結果に繋がりません。次の穴がRetention（継続）です。最初の利用はあっても、その利用が継続しない状態では、やはりユーザーをどれだけ獲得してきたところで定着がなく効率も良くありません。

　また、Revenue（収益）に達していない状態も「穴」があると言えます。利用上のどこからRevenueが発生するかはビジネスモデルによって異なりますが、仮にActivationが良好（無料分の機能は利用されている）でも、Revenue（さらに機能を利用するために必要な有料課金）が上がらない状態もやはり「穴」を抱えていることになります。課題解決自体は可能である、PSfitが成り立つサービスでこうした「穴」があるということは価格設定（オファーされる価格を払うほどの価値が課題にない、つまり高すぎる）や、提供機能（対価を払うま

での魅力が提供機能にない）にユーザーの思惑との不一致があるということです。

　こうした状況を突破するには、まずもってどこに「穴」が空いているのかを知る必要があります。この「穴」を見つけるために**ユーザー行動フロー**（カスタマージャーニーマップ）を利用しましょう。多くの場合、PSfitを目指す段階でユーザー行動フローを描いているはずです[4]。プロダクトのローンチ前と異なるのは、実際の利用数値でユーザーのジャーニーを語ることができる点です。ユーザーの利用状況を計測し、ユーザー行動フロー上のどの段階で数値が期待通りとなっていないかを可視化しましょう[5]。もちろん着眼すべきところはAARRRに該当する利用箇所であり、特に「穴」になる「Activation」「Retention」「Revenue」にあたる機能の利用状況です。

　次に、ユーザー行動フロー上で見えてきた「穴」に対して、なぜ起きているのか仮説を立てます。「Activation」に関しては、実際の利用が始まる前に離脱しているわけですから、「入り口」まで来たものの自分には関係がないプロダクトだと判断したか、利用しようにも前に進むことができなかったなどということが考えられます。前者の場合は、CPfitもしくはPSfitが成り立っていません。後者の場合は、「利用しようにもできなかった」という状況が起きていることになります。提供者が思っている以上に、プロダクトで伝えたい意図はユーザーに伝わっておらず、意思疎通できていないものです。

　プロダクト作りにおいて、多くの提供者が注力しようとするのは機能を作り出すことです。機能によって、ユーザーが何らかの「できる状態」となるのを実現するのに全力を尽くすわけです。確かに機能が用意されれば「できる」ようにはなりますが、その機能をユーザーが受け止め、使えるようにするためには「わかる状態」を作り出す必要があります。「わかる」から機能が使えて「できる」ようになる、このうち「わかる」に向けた検証やテストが不足していると、ユーザーの利用はまったく進みません。そして、こうした問題が起きるの

4　PSfitを果たすために必要な機能を特定するためには、ユーザー行動フローなどでMVPがどこなのかを仮説立てる必要がある。

5　数字が期待通りではないかどうかの判断は、ビジネス上の期待とのすりあわせとなる。MVPで得られた数値をより理想的な収益に近づけるためには、現状の何倍の利用ユーザーやコンバージョンが必要なのかを見立て、その押し上げに必要となるコストを見積もる。この費用対効果が事業プラン上、妥当かどうかでその判断を行う。

は機能についてだけではありません。UIのレイアウトから利用の導線（流れ）、さらには文章自体や意匠の表現までユーザーの目に入るものすべてが候補となりえます。1つ1つの問題は小さくとも、それが積み重なっていくことでユーザーはやがて理解不能に陥り、利用を止めてしまいます。

　ですから、1つ2つの問題を解消して対処が終わることはなく、ユーザーのジャーニーを頭から最後まで何度も何度も繰り返しなぞる必要があるのです。「穴」がなくなり、なめらかな利用状況となるまで、プロダクトを磨き込むイメージです。こうした行為は、文章の「**推敲**」と似ています。文章とは部分部分の「てにをは」を直せば読みやすくなるわけではなく、文章の読み始めから読み終えるまでの全体を通じて、読み手の理解が途切れないよう校正する必要があります。プロダクトもこれと同じです。対象が利用体験となるため「**UXの推敲**」と呼んでいます。

　こうしたUXの推敲は2つのやり方があります。1つは、プロダクトチームや事業組織の中で行う**プロダクトレビュー**（**内部での推敲**）という形式です。作り手自身がユーザーになったつもりであらためて利用開始の最初から試していく。その利用の様子をチームの他のメンバーや関係者がリアルタイムで観察して、適宜気づいたことを言及していきます。利用者になりきってプロダクトを使っている本人はもちろんのこと、利用者以外からの客観的な視点からもプロダクトの問題を挙げていくようにします。

　もう1つは、**実地で行うユーザーテスト**（**外部での推敲**）です。実際のユーザーに目の前で使ってもらい、やはり観察を行います。利用者本人には使いながら、自分が感じたことを声に出してもらうようにします。そして、ユーザーからの表明および観察から得られた気づきについて、ユーザーテスト後にチームで確認し合います。プロダクトレビューと違って利用中に手を止めてもらうためにはいかないため、途中で気づいたことを記録しておき、テスト後に「**感想戦**」を行うようにします。感想戦は2部構成で行います。1部は、利用者本人を交えて利用上の行為について質問し、そのときの判断理由や評価などを確認します。その後、2部にてチーム、関係者のみでさらに内容を深掘りする時間を設けます。利用状況の場面を感想戦で見返せるよう、利用過程を記録しておきましょう。正確に振り返られるよう、動画による収録を基本とします。

　いずれの推敲でも、「ユーザーの視点」をいかに得るかが問われます。作り手

が想定ユーザーの状況と近い場合は比較的視点を手に入れやすいと言えますが、もちろんテーマに依るところです。視点を手に入れるためには、ユーザーのモノの見方考え方、つまり解釈の仕方を作り手側にも宿す必要があります（**図7-7**）。そのために最初にできることは仮説を立てることであり、検証の過程と結果からユーザーを理解すること。あくまでこの活動の繰り返しから獲得するより他ありません。

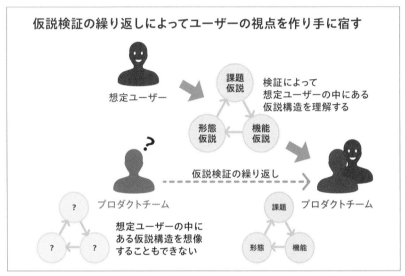

図7-7 | ユーザーをチームに降ろす

追随者に向けた仮説検証と開発の並列化

　さて、最初の利用ユーザーにおける「穴」をふさげるようになったところで、利用の拡大を目指す段階へと移ることになります。いわゆる、PMfitを目指した活動が本格化します。

　まず、次の想定ユーザーあたる「追随者」の仮説を立て直します。追随者と早期利用者とでは、仮説キャンバスの中身も大きく変わる可能性があります。あらためて、想定する追随者の状況、追随者と出会うためのチャネル、追随者が存在する市場の想定をつけていきます。特に、追随者とサービスとの間の橋渡しとなるチャネルが重要です。課題解決について相対的に感度の高い早期利用者に比べて、追随者は課題が潜在化している可能性があります。課題が潜在化している追随者にどのようにすれば出会えるのか、ここがプロダクトを検討する初期段階では考えられていない場合が多く注意が必要です。そもそもチャネ

ルの仮説が立たなければ、どれほど良いサービスを構築できたとしても目に触れることもなく、顧客が利用の評価を行う俎上にすら上がりません。可能な限りチャネル仮説を挙げること、さらに費用対効果の見合うチャネルを見つけ出すこと。PMfitを獲得していくための鍵は、チャネルの仮説検証にあります（**図7-8**）[6]。

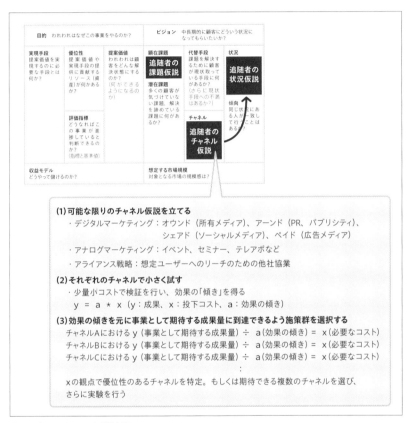

図7-8 | チャネルの仮説検証

　限られた予算をどのチャネルに配分するかは、PMfitの戦略上死活問題となりえます。思うように成果が上がらず、施策の空振りが続くことにもなると予算の枯渇のみ進み、プロダクトの開発もチャネル獲得も停滞してしまうことにな

6　早期利用者と追随者の両者で、課題仮説は基本的に一致するはずである。ゆえに開発したプロダクトをどう広げていくかのほうに注力が移ることになる。もちろん、早期利用者と追随者で置かれている状況が異なる場合が多く、追随者ならではの課題も当然にありえる。こうした追随者の課題仮説も、その切実さに応じてきっちり対応していく必要はある。

ります。ですから、1つの施策に一気に予算を張るのではなく、いずれの施策が効果的なのか検証によって費用対の「傾き」を得た上で、施策の選択を行うべきです。たいていの場合、施策のポートフォリオを組むことになります。その上でさらに優位なチャネルを発見するべく、選択したチャネル上の施策を試す実験を継続していきましょう。

こうしたチャネルの仮説検証とほぼ同じ時期に行うべきことがあります。冒頭で示したように、プロダクトの「不足」と「穴」問題に手を打っていくことです。このうち「不足」については、狩野モデルに則り、どの機能性がどの品質にあたるのかを分類し、早期利用者向けと追随者向けで仮説を立てるようにしましょう（**表7-2**）。もちろん、機能に関する仮説の確からしさについては検証が必要です。機能定義を確定する前に、追随者向けのインタビューを実施しておきましょう。

表7-2 ｜ プロダクトの「不足」を狩野モデルで埋める

	早期利用者	追随者
当たり前品質	MVPとしては最小限に留める ※ただし魅力的品質を損ない、利用を阻むレベルの機能性にならないよう留意する	不満を感じないレベルでの機能充足を目指す ※現状の代替手段に着目し、代替手段で担保できている機能性は備えるようにする
一元的品質		
魅力的品質	PSfitを実現するために必要な中核の機能性	PSfitを実現するために必要な中核の機能性

次に、プロダクトの「穴」問題です。早期利用者と同様に、追随者を対象とした「UXの推敲」を丁寧に行う必要があります。追随者は新しいサービスやソリューションへの受容性が早期利用者ほど高くはなく、現状採用している代替手段を惰性で選び続ける可能性がある顧客です。おのずと、早期利用者以上に「ユーザーに伝わらない」ことが多く、よりUXの推敲に手をかける必要があります。分析のために、追随者の仮説キャンバスを早期利用者と分けたようにユーザー行動フローも分けて作ります。やはり早期利用者と同様にジャーニー上のどこがボトルネックとなるか、追随者を対象とした検証を行う必要があります。

このように、プロダクトをローンチした後も仮説検証は継続していくことになります。むしろ、ローンチ後のほうが仮説検証の活動は本格化します。利用

してもらうための環境をわざわざ作らなければ検証できなかったローンチ前の状況から一変し、日々のプロダクト運用そのものが学習環境になると言えます。得られる情報量は格段に増え、検証も行いやすくなります。仮説検証のサイクルが早まるということは、プロダクトとして何をするべきか、何を作るべきかの学習のテンポも速まるということです。つまり、プロダクト開発全体の速度が上がっていくことになります。PSfitの検証段階に比べると、仮説検証とプロダクト開発の距離が縮まり、フェーズという切り分けからスプリントでの隔たりへと至ります。仮説検証とプロダクト開発が並走することになります（**図7-9**）。

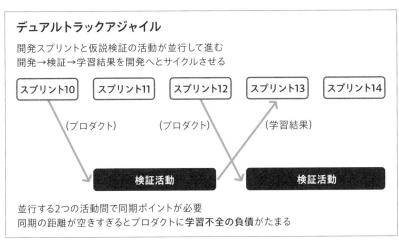

図7-9 │ 仮説検証とプロダクト開発の並走（デュアルトラックアジャイル）

　仮説検証とプロダクト開発では活動内容に大きな差があるため、同じ長さのタイムボックスで活動をともにすることは難しいところがあります。また、学習結果を開発に反映するという順序から、仮説検証を先行させる必要があります。ですから、仮説検証のスプリントと、開発のスプリントをそれぞれ独立して走らせ、その間で同期点を設けて繋げるようにします。たとえば、仮説検証のスプリントを1か月、開発のスプリントを1週間とすれば、仮説検証スプリント1回と開発スプリント4回の後に同期ミーティングを設けることになります。そこで仮説検証活動における学びを開発チームに伝え、今後の開発方針を検討することになります[7]。

7　開発チームからの状況はスプリントレビューに適宜仮説検証チーム側が参加することで同期する。

<変革戦略>
アジャイルなCoEを立ち上げる

戦略と現場の一致を作るCoEの設置

　事業作りが進展することで直面することになる「垂直上の分断」には、変革戦略として手を講じていきます。垂直上の分断には2つの性質の異なる「不一致」があると述べました。1つは、組織の戦略を担う経営側とプロダクトの開発を担う現場チーム側の間での事業展開に関する方針の不一致。もう1つが、経営と現場の間に立つミドルマネージャーに現在志向バイアスが働き、結果としてこれまでの意思決定と変わらないマネジメントを進めてしまうこと。後者の場合、そもそも仮説検証の必要性が理解されず、これまでの経験と判断基準に基づくこれまで通りの計画駆動によって進められてしまうことがあります。もちろん、仮説検証に限らずアジャイル開発の実践、クラウドサービスの活用など、これまで手がけたことがない取り組みは総じて敬遠される可能性があります。

　こうした事態を現場チーム側だけで解決するのは難しく、組織的な打ち手が問われることになります。具体的には、組織戦略と現場を繋げ、なおかつ1つのプロジェクトレベルでは意思決定ができない、影響度合いの大きな課題を扱う部署、チームとしての「CoE（Center of Excellence）」の設置です[8]。

　CoEとは、組織横断的な専門家チーム、部署のことです。こうしたチームの概念は特に新しいものではなく、すでに20年以上前からジョン・コッターによる「**変革のための8段階プロセス**」で提示されているところです（**図7-10**）[9]。ジョン・コッターは、8段階プロセスの2つ目において「変革推進のための連合チームを作る」を掲げており、CoEはまさしくこの変革推進の担い手と言えます。

8　こうした「CoEを誰が設置するのか？」という課題がある。DXを推進する部署があれば、まさしくその部署が担うのが自然である。では、DX推進部署ではない立ち位置にあって、この取り組みを組織に促すならばどうすればよいのか。この課題については、第8章にて扱う。

9　「変革のための8段階プロセス」は、さらにその後、変革を加速させる「8つのアクセラレータ」としてアップデートされている。CoEの概念はここで同様に掲げられている。**図7-10**は、「8つのアクセラレータ」を翻訳したものである。

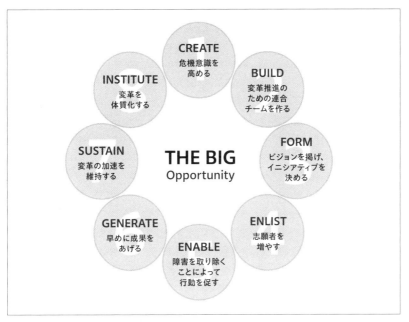

図7-10 変革のための8段階プロセス

　CoEは、「DX推進の事務局」というよりは、もっと専門性を有した集団です。DXに必要となる新たなケイパビリティ、その獲得のための組織的な取り組みをリードし、DXの各プロジェクトでのノウハウ、経験不足を補完する役割を務めます。アジャイル開発や仮説検証など組織で不足している「探索能力」について、組織各所に備えられるほど十分な人員体制を短期間に構築するのは困難であり、おのずと探索の専門性を有したメンバーは希少性が高くなります。こうした希少な専門性を組織内でバラバラに配置するのではなく、CoEのようなあらかじめ組織横断をミッションとしたチームに集結させ、かつ該当チームの機動性を高めることで、その専門性を組織レベルで有効に活用するのが狙いです。CoEの役割をまとめておきましょう（**図7-11**）。

> ### ①組織戦略と現場の不一致に対する「媒介機能」
>
> 組織戦略と現場の両者と関係を有し、相互の状況と方針について、情報の解像度を調整して伝える役割を担う。両者の間でかみ合わない、関心と情報量のズレを解消する
>
> ### ②組織レベルで不足する「専門性の補完」
>
> 現場プロジェクトで不足している探索能力およびその他の専門性について直接的に補完を行う。加えて、組織レベルでのケイパビリティ獲得のための戦略を立て、その実行も担う（または能力開発部署との連携を取る）

図7-11 | CoEの役割

CoEの運用と体制

CoEの意義と役割から、その必要性が理解できるはずです。しかし、ここで1つ新たな課題が出てきます。それは、肝心のCoEをどのように運用するかです。希少性の高い専門チームだけに組織内を縦横に動き、至るところでの課題解決を実現しなければならないわけです。このような機動性が期待されるチームを組織レベルでどのように運営すればよいのでしょうか。

多くの組織では、CoEをどのように運営すれば効果的になるかその実践知を手にしているわけではないでしょう。組織内にまだない経験を補完するために、外部に頼るのは1つの手段ですが、わからないだけにCoEの運営をすべて外部に任せてしまうというのは避けましょう。CoEはDX推進の要となる存在です。ここが十分に組織の狙いを踏まえず、ただその専門性でもって組織内の用事をこなすだけの存在になってしまっては、組織の変革までには至れません[10]。CoEの舵取りは、外部の支援を受けながらも、自分たち自身で取るようにしましょう。

CoEが担うのは、全社の方針や仕事の進め方に影響を与えるような課題です。こうした課題への取り組みを、プロジェクトや事業部・部署といった組織単位で、優先の順序を見立てて働きかけていく必要があるわけです。課題自体の優先度と、適用先（どのプロジェクト、どの部署）についての順序をあわせ持って、柔軟にプランニングし動ける必要があります。課題も適用先もその優先度は、状況によっても変わっていくためです。こうした仕事を進めていくのにCoEが

---

10 ましてや、不用意に外部に運営を丸投げしてしまうと、実現性の乏しい、あるいは効果の薄い「一休さんの屏風のトラ」になりかねない。

「マネージャーから方向性や判断基準がなければ動けない」と旧態依然とした上長依存のチームになってしまっては、まったく期待通りに機能しません。仕事の優先度が変わりやすいCoEには自立的な立ち回りが前提として求められます。

　こうした状況に適応するすべを、私たちはすでに知っています。そう、**アジャイル開発**です。第6章で示したとおり、アジャイル開発とは、ある一定の活動過程とその結果から学びを得て、その次の行動を最適化するための運動であり、これを繰り返すことで段階的に的を射る行動を取れるようになっていくことを目指すものです。こうした活動に取り組むアジャイルチームが誰かからの指示がなければ動けないということはありません。自分たち自身でプランニングし、開発に取り組み、結果のレビューとふりかえりを交えて、学びを得て次の活動へとフィードバックを行う。目指す状態とは「自己組織化」されたチームです。先ほどのCoEの運営課題にまさしくフィットする概念と言えます。違いは対象がプロダクトなのか、CoEが扱う施策なのかです。どちらもやるべきことの中身や優先度を状況に適応し、変えていく必要があるわけです。つまり、CoEの運営にはアジャイルを、より具体的にはスクラムのフレームワークをあてましょう（**図7-12**）。

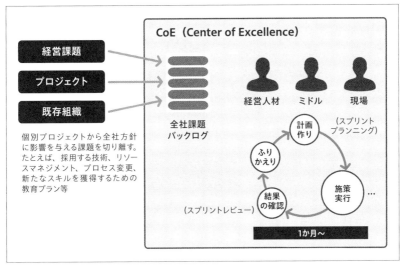

図7-12 | CoEのスクラム運営

CoEで扱うべき課題をプロダクトバックログ[11]に見立てて運用します。状況の変化に適応し、機動的に取り組み内容を変えていくためには、タイムボックス（スプリント）を設けてスプリントプランニング[12]を開催する必要があります。スプリントプランニングを実施するからには、タイムボックスの終わりにスプリントレビューを開き、CoEチームの成果を確認する機会も必要です。CoEが取り組む課題は開発のプロダクトバックログに比べるとサイズが大きく、1〜2週間のタイムボックスでは収まりきらないことが多いでしょう。2週間以上、1か月程度のタイムボックスを切るイメージです。タイムボックスが長い分、プロダクト開発のスクラムに比べるとプランニングレベルでの意思決定の回数が少なくなります（たとえば2週間から1か月に1回になる）。「とりあえずやってみてから次を考える」というよりはもう少し全体として取り組むべきことやその時間的な制約、期限を前提に置いた活動を行う必要が出てくるでしょう。こうした全体性が把握できるようにするために、課題のバックログの運用とは別にCoEが取り組むべきことをロードマップとして可視化しておきましょう。CoEが取り組む課題よりは一回り大きな粒度、組織レベルで把握するためのテーマ管理をロードマップ上で行います（**図7-13**）。

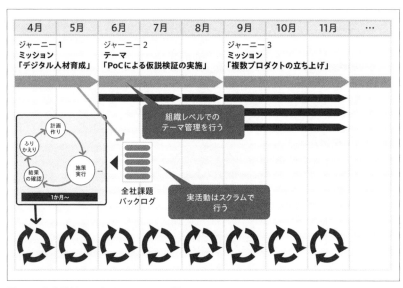

図7-13 | 全体性の可視化とスクラム運営

---

11 この課題バックログがDXのテーマや施策などそのものになる。

12 スプリントの最初に行う計画作りのミーティング。当該スプリントで何に取り組むかをチームで決定する。

開発におけるスクラムと同様に、タイムボックス内で1つ1つのバックログアイテムが完了するように取り組みを分割するようにします。たとえば、あるプロジェクトで仮説検証の支援を3か月にわたって手がける必要があるとしたら（これがロードマップ上の「テーマ」にあたる）、1か月単位でのスプリントでは「仮説検証導入研修の実施」や「インタビュー検証の伴走支援」などバックログアイテムとしてかみ砕き、取り組み内容を明らかにします。取り組み内容が明らかになれば、CoE内でも担当の張り替えやCoEの担当間での支援体制を作るなど、より機動的な動きが取れるようになります。

最後にCoEの体制について触れておきましょう。そもそも組織に不足している探索能力を有したチームの結成を目指すとなれば、おのずと外部人材の活用は必要となることでしょう。すべての専門性を自前で揃えるまで育成一本でいけるほど組織変革に与えられた時間はないはずです。数十年にわたって企業の中でこれまで培うことのできなかった探索能力を、1年や2年で獲得できるほど甘くはありません。内部人材と外部人材の両者を配置するチームフォーメーションを取るのが現実的です。

では、CoEの体制としてはどの程度の規模で置くのがよいのでしょうか。明確な基準はありませんが、少なくともCoEで扱うバックログの数を元に想定することはできます。つまり、CoEが同時に扱うバックログの数に応じて、体制人数を決めるということです[13]。どのくらいの数のバックログ、つまり全社課題を扱うかは、組織の考え、方針次第です。少なくとも、CoEの最初の立ち上げ時には同時に許容する仕掛かりの数は抑えておくべきでしょう。一気に仕掛かりを増やすと、運営が複雑になり混乱するのと、体制のキャパシティを超えてしまい、持続可能な活動にならなくなります。段階的にCoEの体制規模を揃えていき、あわせて扱う課題の数を調整していくようにしましょう（**図7-14**）。

---

13 細かいことを言えば、バックログの1つ1つの大きさには幅がある。1つの課題を扱うのに複数人で当たる必要も出てくるし、逆に1人で2-3個くらいバックログを引き受けられる可能性もある。だいたい1か月以下のサイズでバックログを揃えることができれば、体制に影響を与えるムラは減らせるだろう。

役割	①組織戦略と現場の不一致に対する「媒介機能」 ②組織レベルで不足する「専門性の補完」
運営	**スクラムのフレームを適用する** ・全社に影響を与える課題や意思決定に関する施策をバックログとして扱う ・タイムボックス（スプリント）は1か月程度 ・スプリントプランニング、スプリントレビューの実施 　※スプリントプランニングで1か月分の計画作りを行い、 　　スプリントレビューでCoE活動の成果を確認し合い、必要な取り組みの 　　追加や新たな施策を検討する（バックログに追加する） ・全体のテーマ、時間軸マネジメントをロードマップで行う
規模	**同時に扱うバックログの数、規模から算定する**

図7-14 ｜「アジャイルなCoE」のまとめ

　こうしてCoEは組織変革の突破口として役割と期待を担うわけですが、さらなる組織課題に直面することになります。組織に頑然と横たわる「**水平上の分断**」を乗り越えられなければ、組織のトランスフォーメーションは遠いままです。

DIGITAL
TRANSFORMATION

第 **8** 章　水平上の分断を越境する

JOURNEY

第8章

水平上の分断を越境する

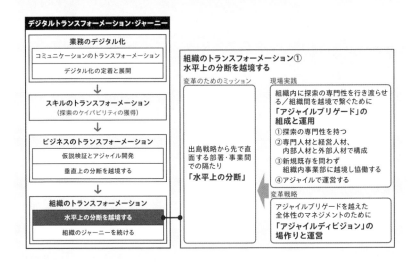

<変革のためのミッション>
水平上の分断を乗り越えて組織を繋ぐ

出島戦略の限界

　新規性の高い取り組みを進めるためには既存の組織とは分け離れた場所を作る必要がある、この方針で一部組織を分離させる「出島」戦略がDXを進める上でよく取られています。IPAの「デジタル・トランスフォーメーション推進人材の機能と役割のあり方に関する調査」によると、該当調査内における約4割の企業（全92社）がDX推進のための専門組織を設置していることがわかります（**図8-1**）。これらがどの程度「出島」であったかどうかはこの調査からはわかりませんが、既存組織とは別に新たな組織を立ち上げていること、また同調査からDXの専門組織化することでより結果が出ていることを伺い知ることができます（**図8-2**）。

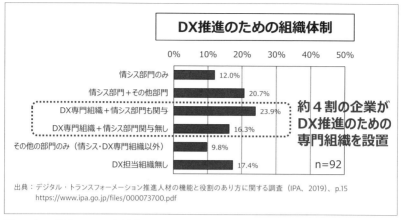

図8-1 │ DX推進のための組織体制

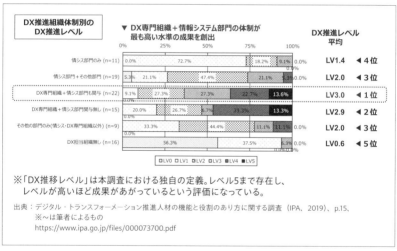

図8-2 │ DX推進組織体制別のDX推進レベル

　組織の出島戦略は、深化と探索それぞれの能力が最大限活用できるよう分け
て扱うべきと説いた両利きの経営に符合する考え方と言えます。出島戦略の狙
いはWHY（ミッション）、HOW（実現手段、ポリシー）、WHAT（具体的な施
策）すべてについて、既存のあり方からは異なる方針を取れるようにするとこ
ろにあります。もちろん、顧客基盤や技術知見、リソースなど既存組織の強み
が活かせるよう、完全に分断してしまうのではありません。既存組織との繋が
りを保ちつつ、理想は既存の強みの利活用と新しい取り組みの推進を切り分け
て「選択」ができることです（**図8-3**）。

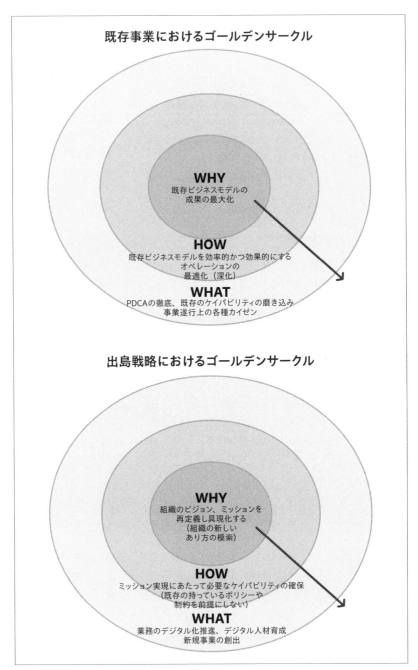

既存事業におけるゴールデンサークル

WHY
既存ビジネスモデルの
成果の最大化

HOW
既存ビジネスモデルを効率的かつ効果的にする
オペレーションの
最適化（深化）

WHAT
PDCAの徹底、既存のケイパビリティの磨き込み
事業遂行上の各種カイゼン

出島戦略におけるゴールデンサークル

WHY
組織のビジョン、ミッションを
再定義し具現化する
（組織の新しい
あり方の模索）

HOW
ミッション実現にあたって必要なケイパビリティの確保
（既存の持っているポリシーや
制約を前提にしない）

WHAT
業務のデジタル化推進、デジタル人材育成
新規事業の創出

図8-3｜既存事業と出島戦略のゴールデンサークル対比

実際には、組織内に別の組織を作るというのは容易ではありません。新規事業を立ち上げる場合のWHY（新しく設定したミッション）やWHAT（新たな事業の企画）については比較的思うように描けるものですが、推進にあたってのHOW（ケイパビリティや方法）については既存の影響を受けてしまいます。新組織であっても、技術採用や業務遂行にあたって照らし合わせるべきルール、ポリシーが旧態依然のため思い切った取り組みができないという状況があります。これでは、出島ならぬ「**半島**」です。新組織があくまで本土（既存組織）の延長にあり、独立して動いていこうとしても思ったほど思い切りよく動けないのが「半島」です。

　一方逆に、既存のあり方からすべてを切り離し、完全に独立した別の組織を作ることもありえます。出島ならぬ「**離島**」です。この場合は、WHY、HOW、WHATのすべてについて再定義を行い、本土からの影響、制約をほぼ受けずに新たな取り組みを進めていくことができるように見えます。実際には、組織の運営をまったくゼロから行うには、基本的な運用のルール作りなどに相当なリソースを要することになり、本来進めたいことだけに注力できないものなのです。そもそも探索のケイパビリティが育っていない組織の中で立ち上げるわけですから、新たなスタイルでどのように仕事を進めていけばよいか戸惑いとの闘いになります。ですから、冒頭で述べたように既存組織から持っていくものと新しい取り組み方とで適宜選択ができるのが理想です。

　こうした点から、既存組織との繋がりを得つつ、それでいて探索側に振り切った取り組みを進める「出島」の確立は、DXを進めていく上でほぼ前提と言えます。出島組織では、本土では得られないスピード感で数多くの実験に取り組みます。その結果から新たに立ち上げるべき事業そのものについての学びを得て、その過程からは事業作りのために必要なスキルと経験を得ていく、この2点が出島の最も重要なミッションです。

　ですから、出島組織としての成果は、「**どれほどの実験、施策を打ったのか**」という組織行動に関する観点と、「**次に取り組むべきこととして何がわかったのか**」という学習に関する観点の両者で測ることになります。振り切った表現をすると、あくまで出島は「**組織の学習機関**」と言えます。そう捉えると同時に出島戦略の限界というか、当然次に取るべき方針が見えてきます。それは、出島での学習結果を本土に返す、繋げる必要があるということです。

出島という小さな組織の少ないリソースで、小さなビジネスを立ち上げる。小さなビジネスはしっかりとPSfitは果たすかもしれないが、そのビジネス規模は、本土から見ればゼロが2つ、3つ足りない。では、出島で本土の既存ビジネスに見合う規模のビジネスを作っていこうだとか、出島組織自体を大きくしていこうという戦略に鞍替えしてしまうと、出島における本来の狙い（高速に学習結果を得る）から離れていくことになります。

組織に歴然と存在する水平上の分断

そもそも事業の展開には、「既存事業の展開」「飛び地的新規事業」「新規事業の探索」という3つの方向性があります（**図8-4**）。

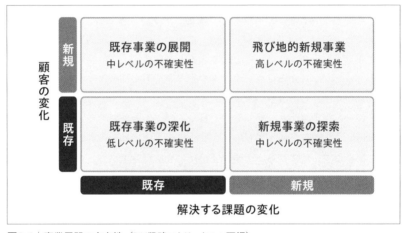

図8-4 | 事業展開の方向性（DX戦略マトリックス：再掲）

「既存事業の展開」であれば、出島で学ぶべきは新しい顧客との接点をいかに作るかであり、その学習結果は既存事業でこそ適用することになります。また、「新規事業の探索」であれば、出島で学ぶべきは新たな課題解決が可能となるサービス作りです。その学習結果で成果を上げていく先は組織が培ってきた既存事業の顧客領域であり、やはり展開にあたっては本土の協力が必要となります。

ゆえに、出島であっても本土の繋がりを確保しながら、組織運営することが前提となるわけです。しかし、実際には出島での活動が進展するほどに図らずとも本土との間での状況の共有が薄くなり、出島が離島化してしまいがちです。あるいは、本土のあり方からはかけ離れた大きな変化を作りたいがために、恣

意的にあるいは政治的な意図**1**で離島化を選ぶこともあるでしょう。その結果出島での学習結果が組織のどこにも繋がらず、組織活動が1年経過したところで、結果の答え合わせが全社的に行われる年度末にて露呈するのです。「何のために、この取り組みをやっているのか？」と。その説明の奔走のために、下手すれば四半期を1つつぶすことにもなりえます。

　こうした組織間の分断は、新規事業と既存事業の間で起こりやすいものの、両者の間に限った課題ではありません。そもそも部署、事業部の縦割りが進んでいるところにはたいてい水平上の分断があります。部署、事業部の役割とはある特定の領域におけるミッションの遂行の他ならず、いわばその一点突破のために体制や業務、判断基準まで最適化がなされているわけです。むしろ狙って個別最適を進めているのですから、組織と組織の間での分断が進むのは宿命的と言えます。まさしく「深化」の先にある組織のあり方です。

　問題なのは個別最適化した組織同士の間では適宜の繋がりを作っていくことが極めて難しくなる点です。これまでは不要だった組織間の適宜の繋がりを求めるようになるのがDXに伴う諸活動です。DXの本丸とは新たな顧客体験の創造であり、それを担うビジネスを創出していくところにあります。こうした挑戦は、既存の組織の枠組みとはそもそもフィットしないからこそ新規性があると言え、おのずと部署、事業部を越えた活動となります。DXの困難さとは、出島のようなある狭い範囲の中で探索を進めていくことにあるのではありません。深化に最適化された組織の中に踏み出して、越境した先で探索しさらに適切に部署と部署、人と人とを繋いでいくことにこそ絶大な難しさがあるのです。その突破口の役割を果たすのが**アジャイルブリゲード**です。出島におけるDXの学びを、本土（組織本体）へと伝播させていく役割を担う組織体制上の取り組みにあたります。現場実践編でその詳細な運用について、変革戦略編でアジャイルブリゲードをより機能させるための進化について扱います。

＜現場実践＞
アジャイルブリゲードによる越境

組織を越境するチームをつくる
　歴史を相応刻んできた組織が等しく直面することになる水平上の分断、これを

1　部署間、事業部間の競争など、組織内における駆け引きに基づくもの。

乗り越えるにはどのような手が考えられるでしょうか。当然ながら、組織間の協働を促す方針を発するだけではどうにもなりません。深化型の組織が育ててきたのは、業務遂行上の効率化のための**然るべき分断**とも言えるのです。自組織から他の組織に働きかけを行うこと自体がイレギュラーなのです。組織によっては現場同士で進む話は何ひとつなく、常に上から落としていかないとまかり通らないというところもあるでしょう。こうした分断する組織と組織の間を架け渡すには、繋がりを作ろうとする意図的な力が必要となります。それはこれまでの深化型組織の感覚からすれば違和感のある異様な行為と言えるでしょう。この分断を乗り越え、組織内に探索のための専門性を行き渡らせるミッションを背負ったチームのことを「**アジャイルブリゲード**」と呼んでいます（**図8-5・表8-1**）。

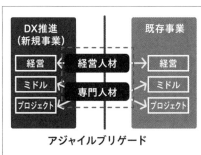

・立ち位置はDX推進（新規事業）側にあり、新規と既存の両者に関わりを持つ中間的なチーム
※ ただしその他の立ち上げケースもある（後述）

・経営人材と専門人材から構成される

・専門性を有したチームが組織間を越境し直接働きかけを行う
※第7章で示した「アジャイルなCoE」をより進めて、個別の事業部署や事業取り組みに参画し、越境先のプロジェクトチームの一員として動く

・越境先に対して、具体的なソリューション提供をミッションとする（仮説検証やプロダクト開発、技術支援、人材育成など）

図8-5｜アジャイルブリゲードとは

表8-1 アジャイルブリゲードとは

	アジャイルなCoE	アジャイルブリゲード
目的	垂直上の分断を乗り越える	水平上の分断を乗り越える
役割	・全社に影響がある課題を扱う ・必要に応じて社内の部署やチームなどに働きかけを行う ※ゆえにアジャイルブリゲードの役割を拡張的に担う可能性もある。 ※ただし、アジャイルブリゲードは具体的なプロジェクトへの参画となるため、CoEの体制によってはそこまでリソースが割けない場合がある。	・既存の事業部に越境し、プロジェクト参画し「探索の専門性」を提供する ※事業部側とはOneチームを結成し体制に入るゆえにプロジェクトに基本的に専念する。 ※アジャイルCoEに比べるとより具体的な問題解決や進捗に貢献することになる。 ※アジャイルCoEと併設できる場合は、CoE側に後述するアジャイルディビジョンの役割を担ってもらう。
運営	スクラムで行う	スクラムで行う
組織体	全社課題を継続的に扱うため部署的（DX推進部署内に設置するなど）	ブリゲードとしてのミッションを達成した時点で基本的に役割を終える（プロジェクトチーム的）

　ブリゲードとは「旅団」を意味します。まさしく組織の間を縫うようにして、わたり歩くチームのイメージです。既存の組織の枠組みからすると、ある意味では組織体制を無視した無法的な動き方を取る存在と言えます。こうした特殊な役割をどこに配置するべきでしょうか。取り組みの規模によって、いくつかのケースが考えられます。

（1）組織規模が小さく、DXを経営人材がほぼハンズオンするケース

・中小、中堅企業におけるDX
・経営人材と経営企画にあたる部署で作る
・初期立ち上げは数名〜10名未満

将来、組織のDX推進、その旗振り役となる想定メンバーを置く。
こうしたメンバーは専任を原則とする。兼務では既存業務の日常に時間を逼迫されやすく、アジャイルブリゲードの取り組みの進みが悪くなる。

※不足する専門性については、外部から招聘して充足させる。
※ただし、組織内をわたり歩くため、既存組織メンバーと信頼関係がある、または信頼関係を築くのが得意な人材を配したい（(1)〜(5)に共通するアジャイルブリゲードの与件）。

（2）組織規模が大きく、既存の情報システム部がDXを担っているケース

・**大企業におけるDX（情報システム部による推進）**
・**情報システム部門内に設置する（情シスの新たな機能とする）**
・**初期立ち上げは1チーム、3-4名程度。（1）と同様に原則として専任**

既存組織に実際に働きかけ、結果を出すことが求められるため、何よりもアジャイル開発、仮説検証、組織横断で必要となる技術（AI/IoT/データ基盤等）を有している人材を配置する。

※初期段階では、期待する専門性を確保できない場合のほうが多いため、アジャイルブリゲードの最初の取り組みとして外部から専門人材を招聘し、部内での学習および実績作りを行うようにしたい。
※既存組織との間で、結果が出せてからチームを増やすようにする。

（3）組織規模が大きく、DX専任部署がDXを担っているケース

・**大企業におけるDX（DX専任部署による推進）**
・**DX専任部門内に設置する（DX専任部署の既存事業部署に向けた「新しいサービス提供」の形を取る）**

※多くの場合、DX専任部署が既存事業部に対する事業推進上の権限を有していることのほうが少ないだろう。既存事業部がオーナーシップを持つ、またはステークホルダーとして参画し、協働していくことになる。

・**初期立ち上げは1チーム、3-4名程度。（1）と同様に原則として専任**

（2）と同様に専門人材を配置したいが、（3）は（2）に比べてITとの距離感次第で、さらに人材確保が難しい場合がある。
アジャイルブリゲードを立ち上げる前段階から外部人材の招聘と、組織内部からの人材リクルーティングを行うこと。また、人材育成と拡充自体を継続的にプランニングする。

※専門性に関する実績は部署として存在しないため、外部人材の実績に頼ることになる。それゆえに、外部人材の内部への取り込み、一体感はより重要性を増すことになる。部分の仕事を依頼する相手ではなくできる限り、全社DX推進の一員として状況共有とコミットメントを求めるようにしたい。ただし、丸投げして「一休さんの屏風のトラ」（実行できない構想）とならないよう留意。
※既存組織との間で、結果が出せてからチームを増やすようにする。

　以上、（1）から（3）が基本的な立ち上げケースとなるはずです。アジャイルブリゲードの設置先は、もとより「越境」をミッションとして背負うことに違和感がない全社DXを専任で推進する部署内が自然と言えます。こうした部署はその成り立ち自体が真新しく、他の部門との間でしがらみがなく、過去の経緯などに依る見方や評価をされることもありません。

　たとえば、（2）のケースで挙げている情報システム部門がこうした越境チームを務めるのには、はからずもハンデを背負うことがあります。多くの組織において、情報システム部門は組織のポリシーやルールを守り抜くための存在であり、その立ち位置から融通が利きにくい相手と捉えられがちです。こうした見方をされているチームが何かを働きかけに乗り込んでくるというのは、相手先の部門からすれば身構えるのは当然です。ですから、他の部署と信頼関係を築くことに長けた人材を配し、かついきなり大規模なチーム編成を行うのではなく実績作りを重視し、実用的で最小限のチーム体制から始めるようにするべきです**2**。

　アジャイルブリゲードの基本的な立ち上げケースは以上のとおりですが、さらに2つの別ケースもあります。

（4）事業部門が自らアジャイルブリゲード相当のチームを作るケース

- **企業規模は問わない。DX推進の予算が相応確保できる事業部門**
- **事業部門と、DX専任部門（および情報システム部門）で設置する**

　※（2）（3）の逆のケース。事業部門側が必要な専門性補完のために要請して自ら立ち上げるシチュエーションもありえる。

- **事業部門側のプロジェクトチームとして結成する**

　多くの場合、DX専任部門や情報システム部門をただ巻き込むだけでは専門性を確保できない。さらに外部人材を招聘する必要があり、この検討を他部門とともに行う（外部人材に関する知見をDX専任部門や情報システム部門に求める）。

　※（1）〜（3）とは違って、さらに他事業部へ越境していくことはまずない。相応の事業規模であれば、当該事業部内でのアジャイルブリゲード運用を行うケースは考えられる。アジャイルブリゲードの運用についての知見を他事業部、全社取り組みに昇華させる役割をDX専任部門や情報システム部門が担う。

（5）情報システム部門などの現場担当者が立ち上げるケース

- **企業規模は問わない。立ち上げ者の職位を問わない**
- **情報システム部門所管の一プロジェクトにおいて立ち上げる**

　経営やマネジメントではなくて、現場担当者が現場起点で作るケース。必ずしも、DX推進や探索のための専門性確保について、組織の理解がすぐに

2　他部署との実績が、さらにアジャイルブリゲードの活動を広げる際のいわば「ドアノック」の材料となる。

得られるわけではない。DX推進や越境を前提としたアジャイルブリゲードの本義からは少し外れるが、「外部からの専門性を入れて、自分たちの学びとしながら仕事として結果を出す」ことを目的に取り組む。こうした一歩を現場として踏み出すことで実績を作り、組織内の理解を得る。

※（1）〜（4）に比べると外部人材を招聘するハードルがより高い場合が多いため、さらに一歩一歩の段階を小さく置きながら進めていく**3**。

いずれの立ち上げにおいても、留意するべき点があります。それは、アジャイルブリゲードをそれ単体のチームとして、既存の組織体制から切り離す形で作らないことです。単体のチームとすると制約が減ってより動きやすくなるようなイメージがありますが、こうした立ち上げを行ってしまうと組織内をわたり歩く根拠、後ろ盾が弱くなり、かえって既存の組織体制に絡みづらくなる可能性があります。DX専任部署、情報システム部門いずれにせよ、組織の「新陳代謝」というミッションを担う部署に立ち位置を置くのが妥当です。

アジャイルブリゲードにとって、その後ろ盾、スポンサーの存在は極めて重要です。そもそも組織内をできる限り制約なく動ける状況を作るためには、その責任を持つ経営人材が関係者として連なっている必要があります。より上位の経営人材が関わりを持つことで、アジャイルブリゲードの運動範囲もより広くなります。

また、あとにも触れますが、このチームは単に専門性を現場に提供していくだけではなく、組織内における戦略の重複や不全の是正に働きかけを行っていきます。そのためには、事業戦略、組織戦略に働きかけが可能なコミュニケーションチャネルが必要となります。事業戦略、組織戦略とは、そもそも経営課題となりますから、おのずと経営人材へのレポートラインを持っておかなければならないわけです。そうでなければ、組織間にある課題を検知できたところでその対処に動くことができず、アジャイルブリゲードの効能も半減します。

とはいえ、経営人材が後ろ盾にいるからアジャイルブリゲードが組織内で動き回れるわけではありません。経営の存在は「通行許可証」のようなものであり、本質的には各組織との間に信頼関係を築くことこそが活動の礎となります。信頼を得るためには、アジャイルブリゲードが相手の組織から必要とされなければなりません。この必要性を支えるのがアジャイルブリゲードの有する探索

---

3 勉強会の開催や、本書の読書会などから始める。

のための専門性です（**図8-6**）。

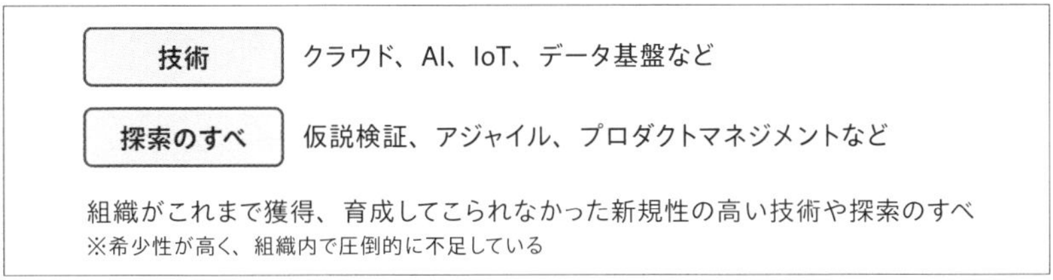

| 技術 | クラウド、AI、IoT、データ基盤など |
| 探索のすべ | 仮説検証、アジャイル、プロダクトマネジメントなど |

組織がこれまで獲得、育成してこられなかった新規性の高い技術や探索のすべ
※希少性が高く、組織内で圧倒的に不足している

図8-6 | アジャイルブリゲードが担う「探索の専門性」

　そう、**組織に圧倒的に不足する「探索の専門性」こそが組織の分断を繋いで**いく鍵となりうるのです。新規事業の創出を背負った部門であれば前提として有するべきケイパビリティですが、その一方で既存事業であっても探索能力の必要性は以前よりも高まっていると考えられます。その理由はコロナ禍によって、既存の業務、ビジネスもそのあり方を根底から問われることになったためです。リアル店舗で行ってきたビジネス、対面コミュニケーションに支えられてきた業務などが、非接触を前提とすることで破壊され、新たに業務の再定義を行わなければならない。こうした再定義にむろん明確な正解などなく、誰もがあるべき姿を模索し仮説立て検証による学びでもって、これからの業務やビジネスを見出す必要に迫られるわけです。ですから、探索のケイパビリティとは今や組織の隅々にまで求められるものと言えるのです。こうした背景がアジャイルブリゲードの必要性を押し上げるところとなります。

　ここまでアジャイルブリゲードの背景について説明をしてきました。ここで少し時間をさかのぼり、どのようにしてアジャイルブリゲードという構想を導き出すに至ったのかその過程をたどっておきましょう。アジャイルブリゲードに至るまでにあった変遷を見ることでDXで直面する課題にあらかじめ先回りすることができます。

　DX推進の支援を始めた頃は、まず「垂直上の分断」にぶつかりました。1つのプロジェクト内でアジャイル開発を適用したり、クラウドサービスを活用したりしてプロダクトを組み上げるのを現場だけの判断で進めるには組織内に前例も拠り所もありませんでした。こうした組織では第7章で示した「CoE」がなければ現場の取り組みは混乱するばかりです。問題はプロジェクトの途中でCoEの必要性に気づいたとしても、目の前のプロジェクトに間に合わせることができない点です。こうした学びからDXを推進する部署を支援する際は、ま

ずアジャイルや仮説検証という「探索の専門性」の必要性についての啓蒙を行う。そして、いかに組織内で定着させていくかの施策を先立たせるようにしたわけです。もちろん、すぐに事が進んでいくわけではありません。施策が組織の中で埋没していかないようにバックログとして可視化し、マネージし続ける運営をDX推進部署の中に設けるようにする。つまり、「アジャイルなCoE」に相当する機能を持つようにしたのです。

　実際にDX推進部署から他の部門への働きかけを行うようになると、今度は「水平上の分断」へと直面します。既存の事業部門との間での隔たりは大きく、まず基本的な信頼関係を構築しなければ貢献のしようがありません。事業部門への地道な働きかけを続ける中、ある境地にたどり着きます。結局は一緒になってリスクを背負い、結果を出さなければ信頼が得られることはありません。そして、結果を出すためには、たまに正論を挙げるだけのアドバイザーだけではダメで、部署や立場を越えて「ともに考えともにつくる」チームを作らなければならないということです。

　冷静に組織を眺めてみると、そこかしこに分断があることに気づきます。分断を越えて、これまでの組織にはなかった専門性を提供するチームが、DXに取り組む組織には全体にわたって必要なのです。求められるものなのに取り組みが進まないのは、始め方が誰にもわからないからです。むしろ、お互いの関係がない中から始めなければならないからです。「アジャイルブリゲード」とは、こうしたDXの前線から生まれたコンセプトなのです。DXと言えば、華々しい事業や技術のイメージが先立ちがちです。しかし、実際に現状の組織にまず必要なのは、垂直にも水平にも存在する分断を乗り越えるための「始め方」なのです。多くの組織が分断によって身動きが取れなくなっています。アジャイルブリゲードという「既存組織にとってのイレギュラー」でもって、組織の中が動き出せる最初のきっかけを作り出しましょう。

アジャイルブリゲードの運営

　では、アジャイルブリゲードのような組織の狭間にあるチームをどのように運営していけばよいのでしょうか。まず、そもそもこのチームの存在理由となる「専門性」の確保から始める必要があります。

　第一に、アジャイルブリゲードの探索の基礎能力として仮説検証とアジャイルを備える必要があります。形態としては、アジャイル開発に専門特化したチー

ムから始めることもできますが、他部門に越境してともに探索を進めていくためには仮説検証活動のファシリテート、ガイドが必要不可欠です。仮説検証のすべを担保できなければ、越境した先で関係者揃って行き先を見失い、遭難しかねません。アジャイルブリゲードとしては活動の最初期において越境先との関係性構築を第一と置く必要があります。最初の段階で失敗してしまうと、俄然次の活動が進めにくくハンデを背負うことになります。

ですから、アジャイルブリゲードは仕事の遂行にあたって「結果」を出すことが前提となります。プロフェッショナルとしての行動と責任が備わっていることが前提になるということです。誤解がないように言うと、もとより「探索」を目的とした活動なので必ず正解を見つけ出せということではありません。探索活動の「進め方」について場をリードする役割を担わなければならないということです。

アジャイルブリゲードとは、大きく2本立ての能力構成となっており、1本が探索の基礎能力としての仮説検証、アジャイル開発、もう1本が組織内で活用したい希少性の高い専門技術になります**4**。後者の具体的な中身は、組織ごとのDXの取り組み内容によって異なりますが、あるサービス実現や特定の業務改善に特化するような技術ではなく、多くの場合はクラウド活用、データ基盤、AIなど用途特定せず横断的に必要となる技術が対象です。

2本立ての専門性いずれにしても、アジャイルブリゲードで提供していくためには組織内外から構成メンバーを集めることになりますが、たいていの場合は外部からの招聘が主力となるはずです。そもそも、これらの専門性を組織内に有していないからこそアジャイルブリゲードのような組織横断の体制が必要になってくるわけです。ただし、外部から招聘するとしても希少性は特定の組織の事情によらず、世の中一般としての不足があり、その確保は容易ではありません。いかに信頼できる外部のパートナーと出会い、関係性を構築していくかが求められます。その際、足りないリソースを補完するための単なる調達として考えるのではなく、組織変革という大いなるミッションをともにするパートナーとして捉える必要があります。その活動はこれまで組織が溜め込んでき

---

4 ここでは「組織に新たに必要となる組織能力」の観点から2つ挙げているが、実際には事業部門との共創によって事業作りを進めるため、3つ目の柱として「事業の専門性」が前提となる。事業部門が培ってきた事業固有の専門性も重要な能力に数えられる。この専門性は、事業部門側のリードが期待される。

たあらゆる「負債」にともに切り込んでいくわけです。その巻き込みには、従来の「調達」ではなく、「招聘」という感覚でもって臨みたいところです。それだけに、組織としてのミッション遂行、実現に目線を合わせて協力してもらえる相手かどうかを目利きする必要があり、より丁寧に体制づくりを行わなければならないでしょう。

　こうして最初期は、外部からの補完で立ち上げるにしても、組織として獲得を進めていきたい専門性に関しては内部人材への技術移転を戦略的に進めるようにします。**「誰が」どのパートナーと「何に」ともに取り組むことによって、どのくらいの期間で経験獲得を進めていくのか**。また、その取り組み結果をどのようにして、いつ測るのか、といったプランニングをアジャイルブリゲードとして組み立てておきます。具体的には後述するアジャイルブリゲードの運営としてのバックログでマネジメントしていくとよいでしょう。また、メンバー個別の状況把握については、第5章で紹介した星取表を用います。

　体制の目処がついたところで、アジャイルブリゲードをいかに運営していくかについて組み立てていきましょう（**図8-7**）。

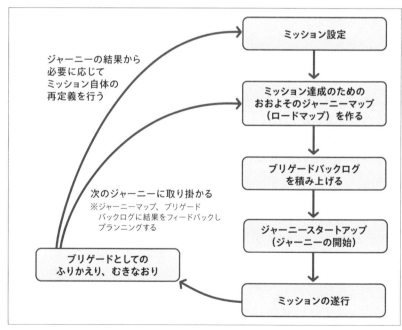

図8-7 | アジャイルブリゲードの運営

アジャイルブリゲードは、ミッションをセンターに置いたチームです。ミッションを完了させた時点で、その役割を終えることになります。チームとして解散することもあれば、そのままのチームフォーメーションで次のミッションへと向かうこともあるでしょう。いずれにしても、次に取り組むべきミッション次第です。ミッション実現のためのチームフォーメーションを再定義し、構築します。アジャイルブリゲードのミッション設定は、インセプションデッキやゴールデンサークルを用いて言語化、認識合わせを行います（**図8-8**）。

インセプションデッキ

われわれはなぜここにいるのか	エレベーターピッチ	やらないことリスト	技術的な解決策	期間を見極める
	パッケージデザイン		トレードオフスライダー	何がどれだけ必要か
「ご近所さん」を探せ		夜も眠れない問題		
Whyを明らかにする		**Howを明らかにする**		

＜概要＞
・目的はチームおよび関係者との間でこれから始める取り組みについて共通認識を醸成すること
・10個のアジェンダで構成されており、1つ1つをチームと関係者で作り上げていく
・チーム・関係者全員が一堂に会して取り組む
　※ドキュメントとして作りそれを回覧するだけといった進め方は取らない（認識合わせのためインタラクションな対話を重視する）
・やって終わりではなく、適宜ふりかえりやむきなおりの際に参照し、中身の認識を合わせ直す

①われわれはなぜここにいるのか？
　プロジェクトで達成したい目的、目標を挙げる
②エレベーターピッチ
　端的に作るべきプロダクトの特徴を要約する。解決する課題や要望、対象となる顧客やユーザー重要な利点、代替手段／差別化要因など
③パッケージデザイン
　顧客やユーザーに伝えたいメッセージとビジュアルイメージを表現する（顧客にとっての嬉しさ）
④「ご近所さん」を探せ
　プロジェクト関係者の洗い出しとチームとの関係を図示化
⑤やらないことリスト
　当該プロジェクトでは取り組まない（別の時期にする等）と明確に決めている事柄
⑥夜も眠れない問題
　プロジェクトで想定しているリスクを挙げる
⑦トレードオフスライダー
　品質／予算／リリース日／品質などの基準についてどれを優先するか
⑧技術的な解決策
　採用技術やアーキテクチャの図示化とリスクの確認
⑨期間を見極める
　プロジェクトに必要な期間の見立て
⑩何がどれだけ必要か
　費用、期間、チームなど必要なリソースを示す

図8-8｜インセプションデッキ

　ここでいうミッションとはどのようなものでしょうか。その中身は様々ですが、前提となるのは全社共通の課題の存在であり、それを踏まえた個別の事業やプロジェクトの支援テーマです。たとえば全社共通の課題として、「デジタルを活用した既存事業の強靭化」があるとすると、アジャイルブリゲードの扱うミッションは「A事業部におけるオンラインサービスをモダン化する」などが挙がり、さらに具体的には「A事業部における"顧客"を再定義し、課題仮説について検証を行う」「新オンラインサービスのアーキテクチャを策定する」「サービス開発のために必要な仮説検証やアジャイル開発について事業部側が理解できるようにする」といった具体的な支援内容が挙がりそうです。つまり、経

営やDXの課題を打ち返すための具体的活動がアジャイルブリゲードが果たすべき「ミッション」になるわけです。経営人材の関心と合致し、コミュニケーションが可能となる粒度でのテーマ設定となります。

ミッション設定後は、どのようにして達成していくのかの作戦を立てます。とはいえ最初期は、ほとんどの場合、越境先の状況が判然とせず、しっかりとしたスケジュールのようなものを引くことはできないでしょうし、**引く意味もありません**。取り組みを進めていく中で、より具体的で明確なゴール設定（たとえば、開発すべきプロダクトが見えてきて、期間的なゴール設定が必要な状態）が可能となった時点から、その分についてのスケジュールを引くとよいでしょう。

そうした場合を除いて、アジャイルブリゲードの活動は全般として探索的となるため、もとより「順次クリアしていけば完了となる」ようなスケジュールを引くことができません。取り組むべきこと、その優先度が機動的に変わっていく状況であり、むしろそのように変更ができるような動き方を取る必要があります。とはいえ、各時点において直近1か月から3か月程度で何を優先して取り組むべきなのか、時間軸を持って可視化しておかなければ、チーム内や関係者との認識の共通化、期待合わせが難しくなります。こうした理由からジャーニーマップ（ロードマップ）を作ります（**図8-9**）。

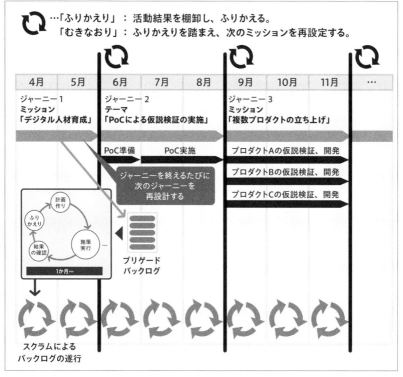

図8-9 | ジャーニーマップ（ロードマップ）

　イメージはロードマップに近いものですが、従来のロードマップと違うのは、より機動的な運用を行う点です。最初のミッションに該当するジャーニー1（1～3か月程度）を終えた時点で、後述する「ふりかえり」と「むきなおり」を実施します。その結果で、さっそく次のジャーニーおよびさらに先の構想をアップデートします。状況が進んだことで、新たな発見や理解が得られたことで先々に必要なミッションが置けるようになったわけです。最初に描いたロードマップを遵守する必要はなく、プランニングし直します。プランニングの中心となるのが、「ミッション」の設定と必要な段階「ジャーニー」の設計です。

　さて、次にミッションの遂行のために必要なことを**ブリゲードバックログ**として洗い出し、積み上げていきます。アジャイルブリゲードとは、何らかの目的達成に向けて一定の制約と優先基準を背負って取り組み進めるチーム活動に他なりません。通常のプロダクト開発と同様に必要なバックログ（やるべきこと）を洗い出して臨むわけです。では、ブリゲードバックログにはどのような

内容のものを挙げていくのでしょうか。たとえば、金融機関がこれまでリアル店舗で提供してきた顧客向けの各種サービスをコロナ禍の状況を受けてインターネット上のサービスへと置き換えていく施策を想定してみましょう。その施策を仮説検証から始めてアジャイルに作るプロジェクトとして既存事業部とともに取り組むとします（**図8-10**）。

ミッション設定

(1) 3月末までに新たな顧客体験を提供するデジタルサービスを構築し、
　　顧客にリリース。初期のカイゼンまでを行う

(2) 既存事業部が実践的なアジャイル開発の経験を身につけられるようにする

ブリゲードバックログの候補

①新たな価値仮説に基づく仮説検証の実施
②既存事業部へのスクラム教育、特にPO研修の実施
③実践と並行して仮説検証型アジャイル開発の型作りを行う
④1か月ごとにプロダクト開発の取り組みを評価し、パターンを整理する
⑤新サービスが挙動する新しい基盤環境を構築する

図8-10 │ ブリゲードバックログ

　例のイメージを見ればわかるように、いずれも通常のプロダクト開発におけるプロダクトバックログよりもサイズが大きく、施策レベルとなっています。ブリゲードバックログで扱うのは開発するべき機能ではなく、あくまでミッションの達成に必要なこと（たとえば、新たな顧客体験のための仮説検証）や、組織が獲得するべきこと（たとえば、アジャイル開発におけるPOが務められるようになる）など、事業戦略、組織戦略に繋がる内容です。ブリゲードバックログをさらに細かくかみ砕いた内容が、該当プロジェクトやプロダクト開発におけるプロダクトバックログに落とし込まれる流れです（**図8-11**）。

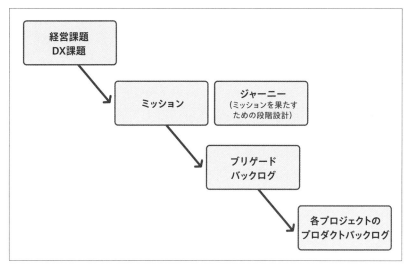

図8-11｜ブリゲードバックログ周辺の構造

　さて、ブリゲードバックログが積み上がったところで、いよいよジャーニーの開始です。アジャイルブリゲードおよび越境先組織のメンバー、関係者を含めてキックオフイベント「**ジャーニースタートアップ**」を開催します（**図8-12**）。

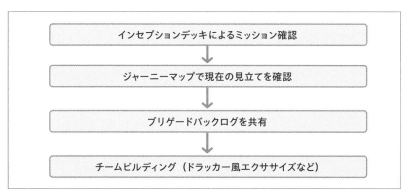

図8-12｜ジャーニースタートアップ

　まずはミッション確認から、ジャーニーマップ、ブリゲードバックログの共有までを行います。このスタートアップイベントを終えた後はジャーニーマップで掲げる最初のタスクやプロジェクトに取り掛かることになります。チーム活動を始めることになるわけですから、チームビルディングをキックオフの中で行っておくようにします。

　こうして、アジャイルブリゲードの活動が開始することになります。事業部門との取り組み規模によっては実際には、複数のプロジェクトに分かれる場合があります。プロジェクトの規模にもよりますが、1つのアジャイルブリゲードで複数のプロジェクトを並行的に取り掛かることは基本的にはありません。まったく中身の異なるプロジェクトを1つのチームでフォローしようとしても割り当てられる時間が細分化されて効率的ではありません。たとえば、各プロジェクトでスクラムイベントを開催するようであれば、1つのチームで複数のイベントに参加しなければならないわけです。プロジェクトを並行させる場合は、その分複数のチームを組成することになります。

　さて、アジャイルブリゲードの活動とはひとたび最初にプランを立てれば、あとはそのとおりになぞりながら遂行していくだけ、というものではありません。むしろ、ブリゲードバックログを定期的にリファインメント[5]（洗練）し、実際の活動を進める中でわかってきたことでもってジャーニーマップをアップデートして、活動の方向性を機動的に変更していきます。こうした、リファインメントや方向性の見直しを行うためのきっかけとして「**ふりかえり**」「**むきなおり**」を行います（**図8-13**・**図8-14**）。

ふりかえり

- **これまでのジャーニーの取り組みをYWT形式などでふりかえりする**

　※やったこと（Y）、わかったこと（W）、次にやること（T）を整理し、ジャーニーの評価を行う。

　※やったことの中で成果を確認する。また、やろうとしたこと（ジャーニーマップの内容）とやったことを比べてその差分を把握する。差分が発生する何か課題があればそれもわかったこととして挙げるようにする。

- **月に1回程度**

図8-13 | ジャーニーのふりかえり

5　バックログの中身を手入れすること。バックログを追加、優先度を変えたり、中身の詳細化を適宜行う。

むきなおり

- **ミッションを再確認し、その評価を行う**

  ※このまま継続していくべきか、それともこれまでのジャーニーのわかったことでミッション自体を調整するか、再定義するかを検討する。

- **ミッションに基づき、あらためて現在地点の状況を確認する**

  ※現在地点の状況からミッションの実現に向けて、相当なギャップがあると捉えられた場合、そのギャップを乗り越えるための施策を検討し、ブリゲードバックログに載せて、ジャーニーマップを更新する。

- **月に1回程度**

図8-14 | ジャーニーのむきなおり

　ジャーニーのむきなおりにおいて、ミッション自体の見直しや再定義を行います。ミッションとは経営やDX課題を解決するための活動という位置づけです。ミッション自体を再定義する場合は、アジャイルブリゲードのスポンサー（経営人材）および、越境先の事業部門との間で合意形成が必要です。

　さらに、ミッションを再定義するからにはブリゲードバックログの変更やジャーニーマップのアップデートが必要となります。そうした点検を終えたところでジャーニーを再開します。ミッションを完全に終了するまでジャーニーを継続していきます。

アジャイルブリゲードを実践する

　アジャイルブリゲードを実践するにあたって留意するべき課題を3つ挙げておきます。1つは信頼関係の構築について、2つ目は人材育成、最後に戦略へのフィードバックについてです。

　先に述べたようにアジャイルブリゲードは結果をもたらすことが期待されたチームです。越境先の組織からすれば、取り組みを進めるにあたって信頼にできる相手なのか当然判断材料を求めることになるでしょう。同一の組織の中でありながら、部門を越えた取り組みとなれば、専門性についての確かな信頼を示す必要が出てくるわけです。

　ですから、アジャイルブリゲードをゼロから立ち上げる場合には、まず立ち上げ部署において小さくとも実績を作っておくことが賢明です。組織内外のメ

ンバーで組成されたチームで実際にあるテーマを決めて仮説検証やスクラムを実践し、チームで経験の獲得を意図的に行います。

　既存事業部にわたりをつける最初の入り口とは、どうしてもわかりやすい「専門性への期待」「専門性による貢献」ということになりますが、あくまで入り口に立つためのものです。ひとたびアジャイルな運営をともにできれば、その取り組み自体がお互いの協働を醸成させることになります。この最初の関係作りは、実に丁寧に行う必要があります（**図8-15**）。

「信頼関係」作り

- ### ・関係の質向上のために「クイックウィン」を意図的に狙う

  ※クイックウィンとは越境先の事業やプロジェクトにおいて事業部門側が成果として感じられるもので、具体的には2つのタイミングがある。
  1つは最初の「ジャーニー」の完遂。もう1つはさらにジャーニー内の最初の「スプリント」を終えたとき。そもそも「成果の存在」が認識できるように、ジャーニーおよびスプリントでの「ふりかえり」を必ず行うこと。

- ### ・最初の成果は「ブリッツトラスト」で実現する

  ※最初の成果のためにブレーキを一時的に壊して圧倒的に成果にフォーカスする。

図8-15 ｜ アジャイルブリゲードによる「信頼関係」作り

　「結果を出さなければ、あとに繋がらない」ということが、最初期の段階にいきなり必要となるが組織越境の特徴です。「最初なのでまずはゆっくりと立ち上げていきましょう」では、信頼関係の構築にも時間がかかり、結果として全体的な取り組みが遅れていくことになります。ここ一番での信頼関係を一気に作るためには、圧倒的な結果を最初から打ち出す必要があります。この考え方を「**ブリッツトラスト**」と呼びます。ブリッツトラストとは、一時的に持続可能性を捨てて、圧倒的な時間とリソースを投入し短期間で結果を打ち立てる作戦です。ブレーキを壊して、アクセルだけ踏み倒すイメージです。結果は期待できますが、もちろん持続的な活動にはなりません。ジャーニーマップ上で、どこからどこまででブリッツトラストを発動するかを決め、期間限定で行う必要があります。

　アジャイルブリゲード実践のための課題の2つ目は、人材の確保と育成についてです。外部の力も借りて、アジャイルブリゲードを立ち上げるとしても、なかなか期待通り体制を作るのは難しいことが多いはずです。そのような場合、そ

の場にいる人たち、集まれる人たちでアジャイルブリゲードを結成することになります。期待するスキルセットを考えると、理想的な体制には遠いかもしれません。それでも一歩も動き出せないよりは、少なくとも越境への強い意志を持つ人たちでアジャイルブリゲードを組み、ジャーニーを始められることのほうが価値に繋がります。不完全であっても、一歩踏み出せば何が必要なのかがより理解でき、組織的な支援を仰げる芽もまた生まれるはずです。このように、その場にいる意志ある人たちで取り組みを始めることを「**手中の鳥の原則**」と言います（**図8-16**）[6]。

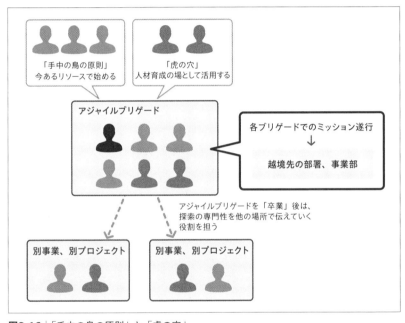

図8-16 | 「手中の鳥の原則」と「虎の穴」

　アジャイルブリゲードは、人材育成のための場（「**虎の穴**」）としても位置づけることができます。基本的に結果を出せるメンバーでチームのコアを作る必要があります。そこに人材育成の観点からあえて能力開発途上のメンバーを入れて、コアメンバーとともに動くことで経験を得ていってもらう。良質な時間をともにすることが、人が育つための何よりの「**学びの財源**」となります。ア

6　「手中の鳥の原則」は、エフェクチュエーションと呼ばれる行動原則の1つ。もともとはアントレプレナー（起業家）に共通する思考と行動の原則をまとめたもの。起業家の行動原則は、不確実性の高い活動となるDXでも適用することができる。

ジャイルブリゲードにチャレンジし、ジャーニーを経て、いずれ卒業を果たしていく。人材育成の装置としてアジャイルブリゲードの仕組みを活用しましょう。アジャイルブリゲードを卒業したメンバーは、組織内に散らばっていくかもしれませんが、新たな仕事の取り組み方をともにして、同じ方向性を見てきた仲間でもあります。こうした面々が行く先々の組織で、探索のケイパビリティを伝えていくこともまたアジャイルブリゲードの副次的な狙いになります。

　最後の実践課題は、戦略へのフィードバックです。アジャイルブリゲードはその立ち回り、立ち位置から、組織と組織の間での戦略の重複やあるべき方向性に先回りして気づくことができるという一面を持つことになります。事業や組織の戦略にそのフィードバックを働きかけていくために、チームのスポンサーや関係者として経営人材を配しておく。表立った現場活動だけではなく、こうした経営人材を通じた組織への働きかけも同時に手がけていくのがアジャイルブリゲードのもう1つのミッションとなります。実際のフィードバックは遅滞なく、適時を逃さず行うべきですが、経営人材との定期的なコミュニケーションの場としてジャーニーの「ふりかえり」「むきなおり」を活用しましょう。ただし、こうした場に経営人材が定期的に参画できればよいのですが、経営の職務としてそうもいかないことが往々にしてあります。せめて、経営人材との1 on 1を定期化しておくなどの手立てを講じておきましょう**7**。

　さて、こうしたアジャイルブリゲードの運営が現実には複数チームとして必要になる局面を迎えることがあります。むしろ、越境チームを揃えていくことが、DXを全社レベルに広げていくための原動力になっていきます。複数のアジャイルブリゲードが機動性を失わず、お互いに整合性を保ちながら動いていくためには次に何が必要となるのでしょうか。変革戦略編でアジャイルブリゲードの応用へと進みましょう。

7　現場担当者がアジャイルブリゲードを立ち上げるケースの場合は、こうした経営人材との繋がりを作るのが難しい。最初期からの経営人材との接続は諦め、最初の結果が出たあとにそのレポートとしてより上位のマネジメント職との接点を持つようにしたい。結果とレポート、これをいくつか繰り返すことで経営人材にたどり着く芽は必ずある。

<変革戦略>
アジャイルディビジョンの設置

アジャイルブリゲードの進化

　アジャイルブリゲードとは、深化に最適化された組織の構造に突如現れる意図的に仕組まれたイレギュラーです。水平上の分断を人力で繋ぎ合わせ、その上で然るべき結果を出していく存在です。こうしたチームが組織の戦略に応じて柔軟に編成され、機動的に動き回ることができたら。また、1つや2つではなく、複数のチームが組成され大きな組織の中でも存在感を出せる規模を作れることができたら。組織変革の原動力になるのは間違いありません。アジャイルブリゲードを拡張するためには、その存在を一回り外から捉え直す必要があります。

　アジャイルブリゲードが扱うのは事業もしくは組織上必要となる施策であり戦略性を帯びているものです。複数の並行して扱うべき施策群がある中で、優先度を決め特に先行して着手・注力するべきものとして選択されたテーマの遂行にあたっていくわけです。施策全体の俯瞰と優先度の判断、またその後の方向性や優先度の変更も含め、**全体性に基づくマネジメント**が求められることになります。

　この全体性のマネジメントとは、どこが担う機能でしょうか。アジャイルブリゲード5つの立ち上げケースのうち、（1）〜（3）にはそれぞれ立ち上げ元となる組織が存在しました（（1）経営直下、（2）情報システム部門、（3）DX専任部署）。それぞれにおいて、経営やDX課題とそれを実現するためのテーマ定義を行うことになります。こうした全体性マネジメントの場もアジャイルブリゲードを中心にして設計します。「垂直上の分断」で挙げた問題とは、経営やマネジメントと現場の間での方針の不一致でした。「アジャイルブリゲードとそれに指令を出す場」と分けてしまっては、元も子もありません。

　アジャイルブリゲードのリードメンバー、経営人材、その他のDX推進メンバーが定期的に一堂に会して、意思決定を行う場を作ります。後述するようにこの場でも「バックログ」を用いた運営を行うため、単なる「ミーティング」ではなく「チーム」のイメージとなります。このメタ的なチームには「**アジャイ**

ルディビジョン」という名前をつけておくことにします（**図8-17**）[8]。

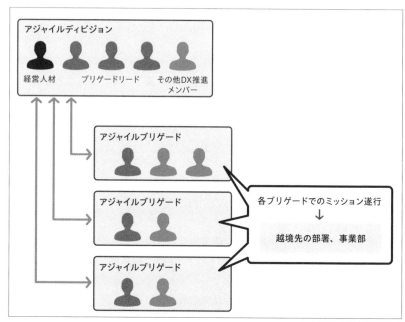

アジャイルディビジョン

経営人材　ブリゲードリード　その他DX推進メンバー

アジャイルブリゲード

アジャイルブリゲード

各ブリゲードでのミッション遂行
↓
越境先の部署、事業部

アジャイルブリゲード

図8-17 | アジャイルブリゲードによる「全体性のマネジメント」

　アジャイルディビジョンの狙いは、大きく2つあります。1つは、「**戦略のフロー効率性**」の確保です。アジャイルディビジョンでは、経営やDX課題、課題にまつわるテーマ管理を行います。どこの部署とどのような内容で協働するのか、それによってどのような成果を組織にもたらす狙いなのか、越境の戦略を立てます。しかし、戦略とは一度立てればあとはそれをかたくなに守り通すようなものではありません。戦略に基づいて動いた結果、現場の実際の状況からフィードバックを得て、次の意思決定へと繋げる必要があります。それによってもちろん従前の方針が変わることもあります。これは最前線の現実の状況を踏まえて、組織が機動的に意思決定と行動を変えていくことを意味します。つまり、組織の戦略上優先するべきことに焦点を当て、いち早くその実現にあたる動きが取れるということです。こうした判断を行うには**鳥の目**[9]が必要であり、

8　アジャイルディビジョンのディビジョンとは師団の意味。「メタアジャイルブリゲード」でもかまわない。いずれにしてもチーム体制であって、部署を新たに作るというわけではない。

9　俯瞰した視点のことを**鳥の目**、詳細に着目する視点のことを**虫の目**と呼ぶ。

この視点を担うのがアジャイルディビジョンの役割です（**図8-18**）。

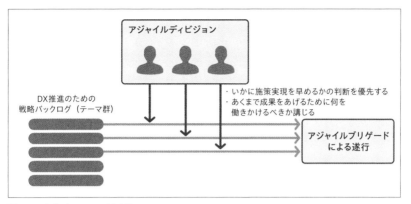

図8-18 | 戦略のフロー効率性

　アジャイルディビジョンのもう1つの狙いは、「**専門性のリソース効率性**」の確保です（**図8-19**）。アジャイルブリゲードで編成する専門性とは、組織にとって希少性の高いスキルです。フロー効率性を意思決定上のファーストに置きながら、そのセカンドはリソースの効率性を高めることを考えます。アジャイルブリゲード単位で、どこでどのくらいその活動を行うのか可視化を行い、専門性が十分に活かされるよう配置の最適化に努めます。

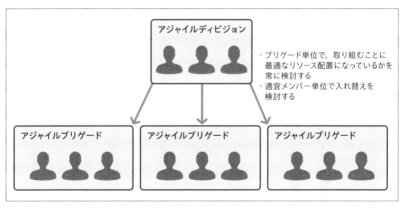

図8-19 | 専門性のリソース効率性

　アジャイルディビジョンは、フロー効率性とリソース効率性の両面を同時に扱います。どちらか一方ではなく、2つの効率性のレバーを組織上の戦略状況

にあわせて動かしていくイメージです**10**。これが実現できるのは、全体性のマネジメントと現場を分離するのではなく「重なり」を設けるからです。戦略的判断のために現場の状況を踏まえる、現場が結果を出すために必要な支援を戦略として講じる、これを成り立たせるのがアジャイルディビジョンとアジャイルブリゲードの構造です。第3章から本章まで、「変革戦略」と「現場実践」という2つの観点を分けて扱ってきました。まさしく、アジャイルディビジョンとアジャイルブリゲードでこの2つの役割をそれぞれが担うイメージです。戦略と現場を分断させてしまった場合、おそらく戦略側はリソース効率性に基準を合わせ、希少な専門性を使い倒すことになり、その疲弊を招くことでしょう。

では、具体的にはどのようにすれば戦略と現場の「重なり」を作る運営が可能となるのでしょうか。アジャイルブリゲードがその運営としてスクラムのフレームを採用するように、アジャイルディビジョンでも同じ運営を行います。

アジャイルディビジョンの運営

全体性のマネジメントを適切に行うためには、現場での取り組み過程と結果を滞りなくDXの戦略、方針にフィードバックする必要があります。戦略と現場の間のターンアラウンドが数か月を要すなど極めて時間がかかる状況になっていると、戦略的な状況判断と現場での取り組みがかみ合わず機能不全に陥ることになります。これを防ぐために、戦略と現場の間で共通の「バックログ」を置くようにします（**図8-20**）。アジャイルディビジョンで、DX戦略レベルのテーマをバックログとして扱い、1つ1つのバックログアイテムが、アジャイルブリゲードの「ミッション」に繋がるように構造化します。

---

10 フローとリソースを二項対立ではなく、二項動態として扱う。

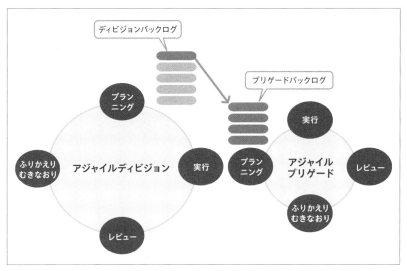

図8-20│ディビジョンバックログとブリゲードバックログの構造化

　このアジャイルディビジョンが扱うバックログを「**ディビジョンバックログ**」
と呼ぶことにします。ディビジョンバックログそれぞれの内容に基づき、アジ
ャイルブリゲードを必要に応じて新たに組成し、既存部門との協働活動を立ち
上げていきます。そうしたディビジョンバックログの吟味は、組織として並行
してどのようなテーマを扱うのか、またどこに優先度をつけて重点を置くのか
というポートフォリオのマネジメントにあたります。

　ディビジョンバックログと、アジャイルブリゲードが保有するブリゲードバ
ックログは、粒度が異なるだけで本質の整合性が取れていて然るべきです。デ
ィビジョンバックログの実現に寄与しない、ブリゲードバックログはその必要
性について適宜見直しをかけます。ディビジョンバックログを整備した後は、
その構想を時間軸で捉えて、どれを先後優先するか練っていくことになります。
これがディビジョンとしてのロードマップに値します（**図8-21**）。

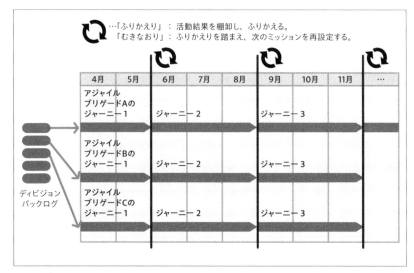

図8-21 | ディビジョンのロードマップイメージ

　ディビジョンのロードマップもまた、アジャイルブリゲードのジャーニーマップ同様に静的なものではなく、状況の進展によって動的に変えていくものです。古い理解を脱ぎ捨てて、新たな理解で構想を望ましい形へと正していく。そうした組織としての新陳代謝を行う機会を、マイルストーンとして意図的にかつ定期で設置します。このタイミングで行うのがディビジョンとしての「ふりかえり」「むきなおり」です。アジャイルブリゲードの活動結果を集めて戦略へのフィードバックとします[11]。

組織を横断的に捉える機能を作る

　実際のところ、アジャイルディビジョンは新しい概念であるわけではありません。古典的な例で挙げるとPMO（プロジェクトマネジメントオフィス）が該当します。複数のプロジェクトについて、横断的にプロジェクトマネジメントの支援、管理を行う機能です。アジャイルディビジョンの場合は、横断マネジメントの対象が組織変革や事業戦略の各テーマということになります。プロジェクトよりも扱う1つ、2つ階層が上のイメージです。

　なお、似たような概念として考えられるものにPdMO（プロダクトマネジメントオフィス）があります。昨今DXの進展も重なって、プロダクトマネジメ

---

11 ディビジョンバックログの中身と優先度の見直し、それに基づいたロードマップのアップデートを行う。

ントの必要性が高まっています。プロダクトマネジメントもまた、希少性の高い専門能力です。各プロダクト開発に、プロダクトマネージャーは配置しながらも、十分に経験スキルをまだ有していないために、PdMOからプロダクトマネジメントの観点で各プロダクトマネージャーを支援する組織形態が考えられます。もしくは、各プロダクトマネージャーが知見を持ち寄り、それぞれの経験に基づく学び合いを行い、各プロダクト開発の次の意思決定を支援する場としてPdMOをデザインするのもよいでしょう。

組織の取り組み自体に機動性を与え（アジャイルブリゲード）、さらに取り組み横断的に捉えられるようにする（アジャイルディビジョン）。この2つの概念で組織構造を動的にすることで、取り組みから学んだことをフィードバックする循環を作れるようになり、組織としての新陳代謝が常に働くようにする。私たちの目指すDXの最終段階とは、この仕組み化を組織の中核に据えていくことです。ところが、アジャイルブリゲードを組み、組織内に働きかけを行った途端にまた新たな壁にぶち当たるのです。組織に強靭に築き上げられたその壁は、組織内での行動と思考の基底をなす価値観とも言うべきものです。この壁を乗り越えていくための最後のトランスフォーメーションを第9章でまとめます。

DIGITAL
TRANSFORMATION

JOURNEY

第 **9** 章　組織のジャーニーを続ける

第 **5** 部　組織のトランスフォーメーション

組織のジャーニーを続ける

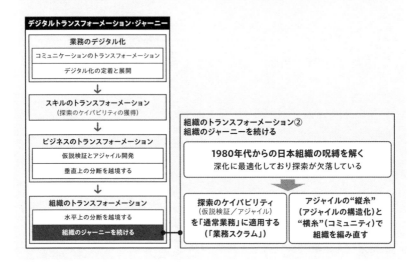

かつての「強い日本の時代」から続く「呪縛」

　DXという言葉に対する反応はポジティブ、ネガティブ様々であるものの、DXを業務デジタル化の範疇に留まらせることなく、これを機に組織を変えようという機運にまで持っていこうとする動きとなるのは珍しいことではありません。「組織変革への何か正確な道筋が見えているわけではない。しかし、このままで良いわけがないということだけはわかっている」。組織のDXに関わっていると、そうした義憤にも似た思いを一様に耳にします。しかも、組織の危機感について語るのは経営から、マネージャー、担当者までおしなべてであり、その立ち位置を問いません。そこまでの状況にありながら、なおもDXという組織変革が進まないのは一体なぜなのか。それは日本の多くの企業に共通する「**呪縛**」とでも言うべき存在によるものです。

　呪縛の正体は、1980年代頃の「強い日本」を支えてきた「深化」のケイパビリティです。日本企業がその強みとして連綿と培ってきた「深化」の組織能力の特徴とは、組織活動からムダを省き、業務プロセス、業務運用の磨き込みを行うことで得られる「効率化」です。業務の磨き込みを支えるのは、徹底した

PDCAです。綿密に立てられた計画のみが執行を許可され、厳格に状態のトレースを行い、問題が発生すればそのカイゼンに徹底してあたる。この「深化」の思考性は、業務にのみ留まらず、採用する技術、体制作り、組織全般の意思決定に影響を与えるまでに徹底されてきたわけです。立てる計画には常に確実性の高さを求められ、不確実な内容が残されることはありません。こうしたメンタリティは、まさしくポイントベースと言えます（**図9-1**）。

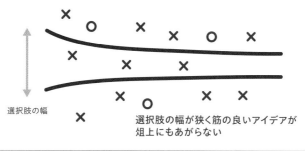

ポイントベース

初期段階から選択肢の極端な絞り込みが行われる。
既存事業での過去の成功事例を根拠なく判断に適用してしまい、意思決定を誤る
（却下の失敗）

選択肢の幅

選択肢の幅が狭く筋の良いアイデアが
俎上にもあがらない

図9-1 ｜ ポイントベースによる却下の失敗

　ポイントベースで結果が出るのは、あらかじめ確実性の高い予測が立てられるような仕事の場合です。すでに、ビジネスモデルが確立されており、あとは同じ活動を繰り返し行うことで期待する成果が上がる仕組みができている状況。たとえば、作った製品や部品を販売してくれる代理店が存在し、生産量を確保すればその月の売上が高い精度でもって立てられるようなビジネスは典型的と言えます。こうした状況下では不確実な要素が入り込まないように、徹底して活動範囲と行動を絞るべく、標準やルールを作り、確実性の維持に努めるわけです。

　ソフトウェア開発におけるウォーターフォールもまた、確実性を高めるための工夫なのです。完成が危ぶまれるような不確実な要素を排除するべく、最初に開発のスコープを決めて、作るべき対象を極めて明確にして要件と置きます。「深化」「ポイントベース」「ウォーターフォール」の伝統的なメンタリティの下では、思考と行動の「選択肢」が増えることはまずありません。「実はこれまでのやり方や考え方から離れたほうが可能性が見つかるのではないか」「本当に

このままで良いのかあり方から問い直す」といった「探索」のメンタリティは、深化と直交します。

探索のための技術やプロセスが、深化に最適化され尽くした組織で受け入れられるはずもありません。この衝突は、単純な技術やプロセスの良し悪しによるものではなく、価値観や思考性のレベルで起きるのです。技術やプロセスの具体に焦点を当てて、会話をしたところでまったくかみ合うことがない議論へと突き進むだけです。

DXとは、組織の新陳代謝に他なりません。業務、事業、組織として、これからも生き残り、価値を生み出し続けるためにあり方を問い直すための機会なのです。組織に張り付いた「深化の呪縛」を解き放たなければ、この先はありません。しかし、第2章で先に述べたように「探索」の志向性でもって「深化」を滅ぼそう、というわけではありません。二項対立を生み出し、一方でもって他方をアップデートするという判断を取ったときから、組織内の分断が顕著となり、深まっていくだけです。二項対立ではなく、両者がその役割を果たせるよう相互に活きる方向性、二項動態。組織内の修復不可能となるレベルの衝突を抑えながら、いかにして「探索」のケイパビリティを組織に宿すのか。最後の章で、ここに挑んでいきましょう。

アジャイルを「仕事」に適用する

「探索」のケイパビリティを組織に宿すということは、仮説検証とアジャイルの適用先をソフトウェア開発に限らず広げていくということです。一部の業務で、一部のチームが適用しているというのでは、組織に宿すとまでは言えません。

こうした「探索」のケイパビリティを組織内で獲得するということは、仕事上の判断や進め方について選択肢を1つ増やすということを意味します。深化的な判断、進め方ありきではなく、取り組む仕事の性質から仮説検証の方法を取り入れるようにする、そうした業務のイメージが描けるでしょうか。まず仮説検証が必要となる仕事の状況をイメージできるようにしましょう。

仮説検証が必要となる仕事の状況例

- 仕事を完遂するための前提が置けない。何を拠り所として、進めていけばよいか誰にもわからない。たとえば、顧客向けの提供サービスや施策を考える上で、対象とする顧客の状況や解決するべき課題が定かになっていない。
- これまでのやり方を繰り返しても、結果は想定内で大きな伸びは期待できない。新たなやり方を試す必要がある。
- 初めて取り組む仕事、施策。初めて与する顧客との取り組み方や、初めて取り掛かる課題を対象としたサービスや商品の設計に際して。
- サービスや商品についての実現可能性や、期待できる成果を推し量りたい。

こうした先の読めない仕事や取り組みは増える一方のはずです。これまでの仕事をこれまで通りこなしていても、結果は想定通りで組織が置かれている状況を突破するには至らない。ですから、むしろどれだけ不確実性のある取り組みを行えているかが将来に向けた可能性になるわけです。それは一部の業務、新規事業に関してではなく、組織全般に言えることです。日常の業務においても、実験的な試みを先行させ、その結果から学びを得て、次の判断を行うというアプローチを取れるようにする。そのためにはまず仮説を立てられる必要があります。取り掛かりは、日常業務における施策を仮説キャンバスで表現してみるということになるでしょう（**図9-2**）。

施策テーマ例：個別最適化している営業部門のカイゼン

目的 営業部門におけるチーム化を促したい			ビジョン お互いの状況が見える化され、より顧客を先回りできる営業部門となっていること		
実現手段 ・タスク管理ツールの導入（オフィス外でもタスク管理が行えるようにする） ・スクラムの適用のためのアジャイルコーチを手配する ・スクラム研修の導入	**優位性** 開発部門でスクラムを実践済みであること **評価指標** まずは、タスクボードで各自がタスクを挙げている状態を目指す	**提案価値** （課題をどのような解決状態にするか） タスクボードによる仕事の見える化と、部門運営へのスクラム適用によって、営業部員同士による協働化が進む	**顕在課題** （解決する対象となる課題） 各個人の仕事が個別化しており、各自の工夫や取り組みが共有されなくなっている **潜在課題** 他人と状況を共有しなくても仕事がなりたつため、関心が薄くなっている。結果として、部門のチーム感がないまま	**代替手段** （課題に対する現状の手段） 朝礼を実施している→形骸化しており、参加者もまばら **チャネル** コミュニケーション手段はチャットか電話	**状況** （施策対象の状況をあげる） ・営業部門 ・部員数は30名 ・外に出ていることが多い ・仕事は1人で完結することが多い **傾向** 仕事が各自で完結しており、お互いの状況が見えていない
収益モデル （本テーマでは省略する）			**市場規模** （本テーマでは省略する）		

図9-2｜日常業務における施策の仮説立案

　もし、仮説検証のような活動をやっている時間はない、やる必要がない、という深化側のメンタリティによる反応が関係者から寄せられた場合は、「どれほど確実に結果を見立てられるのか？」という問いに向き合うようにします。始める前から確実に結果が予測できるならば迷わず、最短距離の進め方を取るべきでしょう。

　しかし、結果の予測が立たないのであれば、別のアプローチをチームや関係者に提案するべきです。具体的には、一気にプロジェクトや仕事を進めるのではなく、段階を切って仕事を進めてみる。段階を終えるところで、果たして見立て通りの結果が得られたのか評価する。その評価結果で次の段階を構想し取り組んでいく。こうした進め方は仮説検証そのものです。

　一方、仮説検証の取り組みを業務に取り入れられたとしても、直面する問題があります。それは仮説検証という仕事を進めていくだけのオペレーションメカニズム（チームもしくは個人での仕事の回し方）が十分に備わっていないことによる失敗です。具体的には、仮説検証にとてつもなく長い期間を要したり、検証や取り組む内容の優先度の調整に融通が利かなかったり、実施チームに意志の統一感がまるでなくいつのまにか目的さえも見失ってしまっていたりと、実施上明らかに失敗している状況です。探索を行うには、探索を行うためのオペメカが必要になるということです。ここで、組織立った活動、運営に持ち込まなければならないのが「アジャイル」なのです（**図9-3**）[1]。

1　仮説検証が先、アジャイルが後の適用になっているが、実際には逆のアプローチが多いだろう。もちろん、アジャイルが先行できるようであればそれでもかまわない。だが、アジャイルは開発のための方法論という理解が先立ちやすく、広く適用するという発想に組織が至れない場合がある。そうした場合には、むしろ仮説検証の適用を先行させ、その運営方法としてアジャイルを持ち込むとよい。

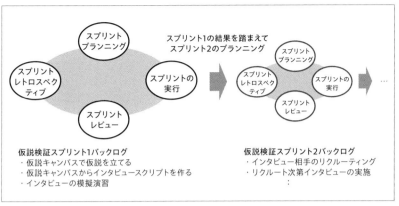

図9-3 | アジャイル型仮説検証

　新規のプロダクト開発でもない業務やプロジェクトにアジャイルを適用する、ということに違和感や抵抗感が生まれることもあるでしょう。これは「アジャイルとはスピードが求められる新規事業などのプロジェクトに適用するものなのだ」といった「アジャイル＝新規」という誤解です。アジャイルとは、単に早く仕事をこなすための方法論ではありません（**図9-4**）。

早く（少しだけ）形にできることの意義

① フィードバックに基づく仕事の進め方で、目的に適した仕事の状況に近づけていく
② アウトプットを形にすることで、関係者の認識を早期に揃えられる
③ 仕事における目標と手段、段取りや進め方、取り組むチームに関する問題に早く気づける
④ チームの学習効果が高い
⑤ アウトプットを伴う仕事を早く始められる
⑥ 仕事と仕事の間の整合性に関するリスク（認識違い）を早期に解消できる
⑦ アウトプットの利活用開始までの期間を短くできる
⑧ 仕事のリズムが整えられる
⑨ 協働を育み、チームの機能性を高める

図9-4 | アジャイルの狙いとは何か

　仮説検証が選択肢を増やし、さらに絞り込むためのすべだとすると、アジャイルはまず第一に、その絞り込んだアイデアを具現化するための役割を果たします。構想を確実に実現に繋げる、なおかつ関係者も含めチームなどの複数人で取り組めるようにするためには、何らかの動き方の「型」が必要です。さらに、

アジャイルな思考と行動による狙いとは実現性を得るだけではなく、具現化したアウトプットから次の意思決定に繋がる「気づき」を得ること、そして、気づきに基づき自分たちの方向性を変えられるようにすることです。つまり、発見と学習によって起きる「**変化に適応する**」ためのあり方とやり方がアジャイルなのです。

　すでに確立しているビジネスを磨き込むことで結果を伸ばしていた環境下では、そもそも変化自体があまり起きることがなく、むしろ変化が起きないように条件設定を行い、取り組み方も変えないようにするというアプローチを正解としてきたわけです。確かに、深化を極めていく方向性においてアジャイルの言う「適応力」は必要性を感じにくいところです。

　しかし、ここまで繰り返し述べてきたように「確立されたビジネス」という前提自体が様々な環境変化要因によって突き崩されている領域においては、「アジャイル＝新規」というバイアスでいつまでも捉えているようでは「確立されていたビジネス」の沈没に引きずられて終わるだけです。事実としてコロナ禍によって進展した、リアル中心だった業務のデジタル化、オンライン化は既存ビジネスのあり方自体に影響を与えざるを得ませんでした。リアル中心だった業務で提供していたサービスと同じ品質を、果たしてオンラインで提供できるのか、そもそも同じ品質を提供できなければならないのかといった問いが出てきて然るべきです。あるいは、コロナ禍以前より既存ビジネスを覆しにかかっているディスラプターが躍動する業界においては「確立されていたビジネス」の賞味期限がもっている間に、ビジネスとしての次の方向性を「いかに早く学ぶか」が死活問題となります。

　いずれにしても、「確立されていたビジネス」の頃に蓄積してきた知識、そこから見出したビジネスの勝ちパターンだけで同じように戦えるわけではありません。アジャイルに取り組むということは、ビジネスの現場で「**学びを得るための仕組み**」**を作る**ことと同義と言えます。どのようにして「学びを得るための仕組み」を組織に宿していくか、その指針を1つの建物（「**アジャイルハウス**」）として表現することができます（**図9-5**）。

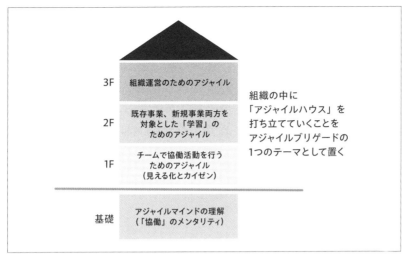

3F 組織運営のためのアジャイル

2F 既存事業、新規事業両方を対象とした「学習」のためのアジャイル

1F チームで協働活動を行うためのアジャイル（見える化とカイゼン）

基礎 アジャイルマインドの理解（「協働」のメンタリティ）

組織の中に「アジャイルハウス」を打ち立てていくことをアジャイルブリゲードの1つのテーマとして置く

図9-5 ｜ アジャイルハウス

　アジャイルハウスの基礎はマインドセットの浸透にあたります。深化と探索どちらか一方ではなく二項動態として捉えて両者を確実性と不確実性の観点から使い分けを行うメンタリティを養います。そのためには、まずもって探索とは何か、なぜ探索が必要なのか、というまさしく本書の内容にあたる背景について理解を深める機会を組織の中で設けていく必要があります。

　さらに、アジャイルの根底を成す価値観である「**協働**」についてもあらためて組織として向き合わなければならないでしょう。これから組織が取り組んでいく探索の仕事は個人芸に頼れるようなものではありません。選択肢を広げ、絞り込むという過程で問われるのは実験の結果をどう読み取るかという「**解釈する力**」です。実験の結果をどう活かすかは、解釈する側の価値観やこれまでの経験から多大な影響を受けます。組織の探索活動においては、1人の経験や判断に可能性のすべてを委ねるのではなく、多様な解釈を呼び込み、その可能性をできる限り高めるべきです。

　ですから、探索を担うのは個人ではなくチームなのです。チーム活動の基本を成すのは「協働」に他なりません。また、昨今のリモートワークの浸透や業務のオンライン化によって働く場所が分散化する環境においては、この「協働」がより重要性を増しています。どのようにして協働という働き方の価値観を育むのかに、あらためて捉え直す必要があります。そうでなければ、探索を取り

入れた複雑な仕事をチームでやり通すことはできないでしょう。

アジャイルハウスの「基礎」にあたるマインドセットは、1回2回の研修をやっただけで身につくものでもありません。また、考え方や方法を研修の数時間で頭に詰め込んだところで、日常の目の前の仕事があまりにもかけ離れていては、学んだことと現実が上手く結びつけられず結果的に研修の時間を消費して終わるだけになってしまいます。基礎作りはもとより長期的に捉え、並行して1階、2階に関する取り組みを進め、「日常の仕事」を具体的に変え進めながら、そのためのすべを身につける必要があるのです。

基礎の上に立つアジャイルハウスの1階については、第4章で説明をしました。4章で示した協働の型、より具体としてのタスクマネジメントはまさしく1階部分のチームで協働するためのアジャイルに値するところです。そして、2階についても新規性の高い仕事におけるアジャイル適用というテーマで、第6章で詳説しました。残るは2階のもう片側である、新規事業や開発を必ずしも伴わない通常業務へのアジャイル適用です（**図9-6**）。

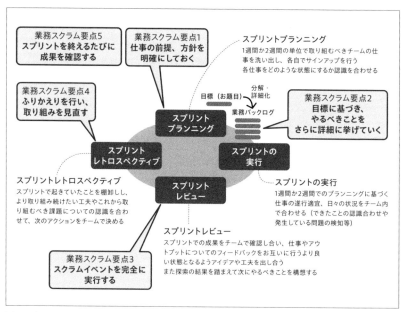

図9-6 | 通常業務にアジャイルを適用した「業務スクラム」

要点は大きく5つあります。1つ目は、**業務スクラムの前提となる「方針」を**

明確に共通理解とすることです。やるべきタスクをチームで洗い出して積み上げていくということは難しいことではありませんし、前提や方針が何だと言って話が進まないくらいなら、まず目の前のタスクを出し切ってみるというアプローチのほうがかえって効果的です。ただ、新規事業や実験プロジェクトと違って対象が「業務」の場合は、どのような方針や期待が前提となっているかあらかじめ与えられていることがほとんどのはずです。深化の文脈で取り組んできた業務であれば、なおのこと方針が存在しないほうが問題と言えるでしょう。具体的には、**いつまでにどのような成果を上げなければならないか**が方針として確認できるはずです。こうした前提に基づき、何をしなければならないかのお題目（目標）をまず挙げるようにします。

　業務スクラム要点の2つ目は、1つ目で挙げた**チームが果たさなければならない目標に基づき、やるべきことをさらに詳細に挙げていく**ことです。このやるべきことのリストが「業務バックログ」にあたります。この業務バックログの洗い出しをその時点でわかっている範囲で丁寧に抜け漏れなく行うことが重要です。第4章で示したとおり、「チームで倒すべきタスクリスト」がそもそも見えるようになっていなければ、期待する成果が上がるはずもありません。

　ただし、ここで目標を果たすために何から始めればよいか判断がつかない、といった課題も出てくるはずです。たとえば、業務の効率化のために、紙で運用していた業務をデジタルに移行するにはどこまで手段をデジタルに寄せるのか、人手で行う部分は多少なりとも残すのか、それともすべての業務を自動化まで持っていくのか、といったようにです。こうしたものこそ実現のため調査や検証が必要になります。現状の業務の把握から始まり、どこまでデジタル化を行うことで効果が得られるのか、どこからはコストに見合わなくなるのか仮説を立てます。実際に、一部の業務でデジタルツールの適用を進めてみることで、その仮説を確からしさを得る。こうして、一気にゴールまでの道筋が見えないにしても探索のためのタスクを挙げるようにして、取り組み始められます。その結果をスプリントレビューで確認し、次にやるべきこと決めていくという動きを取っていくようにします。

　業務スクラム要点の3つ目は、**スクラムイベントを完全に実行する**ことです。スクラムに取り組むのだから当然のことと思われるかもしれませんが、スクラムの効果を十分に発揮するためにきっちりと基本を押さえておく必要があるのです。というのも用意されているスクラムイベントの数から、何か省略ができ

ないか、頻度を減らせないかと捉えてしまうのが深化的思考なのです。スクラムをこれまでの発想で下手な"カイゼン"にいきなり手を出してしまわぬよう、取り組みをファシリテートする必要があります。また、スクラムの特徴であるスプリントという時間の区切りでもって仕事を進めていくスタイルにもいったんきっちりはまっていく必要があります。深化的なプランニングとしては、どれだけ詳細なスケジュールを立てて仕事に臨むかが要点になるわけです。スプリントで運用しているつもりが、なぜか綿密なスケジュールありきとなっており、スプリントプランニングでほとんど決めることがない、ということが起きかねません。期間的な制約、ゴールを意識するために大まかな線表を描くことはありますが、それもあくまでいつまでにどういう状態になっていなければならないかというマイルストーンを把握するためです。こうした深化と探索のメンタリティの違いによる「スクラム」の読み違え、やり違えがそのまま運用とならないよう注意する必要があります。

深化観点でよくある読み違え、やり違え

> ・**スケジュールと、スプリント**
> 「スケジュール」はあらかじめ定めた計画表のこと、「スプリント」はそれ自体は時間の区切りである
>
> ・**定例会と、スクラムイベント**
> 漠然とミーティング体を指す言葉の「定例会」と違い、「スクラムイベント」は何を実施するべきかの定義が定まっている
>
> ・**進捗確認と、スプリントレビュー**
> 「スプリントレビュー」は進捗確認のために行うものではない。状況は見える化と日々の共有の中で把握される
>
> ・**緻密な事前計画と、実験先行で適応していくアプローチ**
> 必ず実行するべきタスクが定まらないために実験を行い、然る後にやるべきことを決めるアプローチとの違い

　業務スクラム要点の4つ目は、**ふりかえりを行い、取り組みを見直す**ことです。これもスクラムイベントとしてそもそも用意されていることなのだから言わずもがなというものです。しかし、スクラムイベントの中で最も省略されやすいのがふりかえりなのです。実施しなくてもたちまちは困らなそうであるという理由でふりかえりをやらない、もしくはやる意志はあるが他のスクラムイベントに比べて開催頻度が極めて少なく、実質的に定期的に開催できていないということがよくあります。これでは、自分たちの活動をカイゼンする機会を

自分たち自身で捨てているようなものです。

　実際のところ、業務にスクラムを適用するにあたって取り組み方の調整はつきものです。ソフトウェア開発でも作るもの、採用する技術、チームの考え方によって仕事の進め方の細部は様々です。いわんや「業務」においては、一概に1つのやり方で押し込めるには無理があるというものです**2**。業務にあった調整が必要になることがあります。そのトリガーは、何となく仕事の進め方がしっくりこないといった感覚もあれば、現実としてスプリントを終えても結果が出ていないなど明らかになっている問題が果たすことになります。ですから、そうした感覚や問題を捉える機会が用意されていなければならないのです**3**。

　最後の要点は、**スプリントを終えるたびに成果を確認する**ことです。チームとしてどのような成果が上げられたのか、また業務に取り組んだ結果からどんな発見があったのか。これらは漫然とスプリントをただこなしているだけでは、チームとして認識することができません。ゆえにスプリントの終わりに、スプリントレビューを行うわけです。ただスプリントで業務を遂行し、スクラムイベントを開催することだけに集中してしまうと、スクラムを回すことが目的になってしまいます。要点1つ目に挙げたように、チームには達成が期待される「目標」があります。目標にどれだけ近づいているのか、チーム自身が把握する必要がありますし、その状況を関係者に伝える必要もあるでしょう。また、チームの上げる成果には実験や検証の結果得られた「学び」も当然に含まれます。探索においては、「次に何を行うべきか？」という判断ができるための「事実」と「理解」を得ることが目的でもあり、成果となるのです。

　こうして業務スクラムを適用するにあたっては、アジャイルの経験者がいることが望ましいものです。ただし、業務へのアジャイル適用の例はまだ少なく、多くの場合開発への適用経験はあるが、業務への経験はないというケースが大半でしょう。ソフトウェア開発においてアジャイルに取り組んできたからといって、その感覚をそのまま業務に適用しても上手くいかない場合があるため注意が必要です。ソフトウェア開発と対象業務とを対比してどのように適用するべきかの判断を丁寧に行っていく必要があります。

2　スクラムの良いところは程よい抽象度を保っているおかげで、適用対象を限りなく限定する必要がないという点である。それだけに、対象業務に応じた調整が必要となる。

3　こうしたカイゼンをチーム自身が行っていき、結果へと繋がる実感を得ることで、チームの関係性の質も高まる。ふりかえりが「協働」のためのエンジンとなる。

たとえば、業務の場合は期間に関する前提が、多くの場合強い制約として存在します。必ずいつまでに仕事を完遂させなければ、別の部署の業務が止まってしまいかねない、といった状況がスプリントを進める中で起きうるわけです。こうした中で「スクラムの型はぎこちないなりに何とか着こなせるようになった」としても、肝心の業務に期待する時間軸がまったく合ってきていない（間に合っていない）といったことが起きてしまうと、マネジメントや他部署からの信頼は歴然と落ちることになってしまいます。業務として踏まえるべき制約を捉えておき、教科書的な型、取り組みがそぐわない場合はそれを崩していく必要もあるのです。もちろん、スクラムの本質まで損なわないように崩し方は注意深く判断しなければなりません。

デジタルトランスフォーメーション・ジャーニーで組織にアジャイルを宿す

ここで、アジャイルハウスの2階「既存業務および新規事業における仮説検証とアジャイルの適用」に至るまでの取り組みを**デジタルトランスフォーメーション・ジャーニー**に乗せてまとめておきましょう。

デジタルトランスフォーメーション・ジャーニーの最初の取り掛かりは業務のDXでした。様々な業務のデジタル化が考えられる中で、先々の組織変革を進めていくためにはまずもって効率的かつ効果的な組織内コミュニケーションの下地を作る必要がある。従来のコミュニケーションスタイルである「ダウンロード型」から、「ストリーミング型」への転換をデジタルによって支えていくという試みを第3章で示しました。リモートワーク、オンライン化する職場環境において、人と人、仕事と仕事の間の整合性を人力で担保していくのは困難です。チャットやオンライン上でのワークを支援するサービス[4]をはじめとしてアジャイルにおけるバックログ・マネジメントなど、仕事の基本を成す領域でのデジタルツール活用による進化を常に追い求めていきましょう。業務へのアジャイル適用を行うならば、この手のカイゼンを組織の方針にのみ委ねるのではなく、各職場・チーム自身が主体的に行っているはずです。そのためのふりかえりです。

そう、DXとは組織の新陳代謝を推し進めるためのジャーニーであり、さらに言うと内部環境の変革を特別なイベントを頼りにすることなく、組織活動の

---

4 タスク管理ツールのBacklogや、情報のストック先としてNotion、作図や議論の可視化のためのMiroといったツール群の活用は、リモートワーク、オンラインワークでの前提と言える。

中に織り込んでいる状態を作ることに他なりません。コロナ禍が組織のオンライン化を間違いなく促すことになりましたが、一過性の取り組みでは何にもなりません。経営から現場に至るまで各々が自ら考えて、あり方とやり方を変えていくこと。そうした企業文化を成すのが「アジャイル」という新たな基本OS（オペレーションシステム）と言えます。

　これまで深化というOSしかなかった組織に、探索というOSも持ち込みます。仕事の性質、具体的には確実性を求めていくところでは深化のOSを、不確実性を招き入れることで新たな可能性を切り開くような判断と行動の選択肢を増やしていくことが求められるところでは探索のOSを用います。そして、探索から始めた仕事が型や勝ち筋を見つけられれば、その磨き込みの段階すなわち深化へと移っていく判断を行います。さらにその先にあるのは、深化の先細りを迎える前に、新たな可能性を求めて再び探索を始めることです（**図9-7**）。

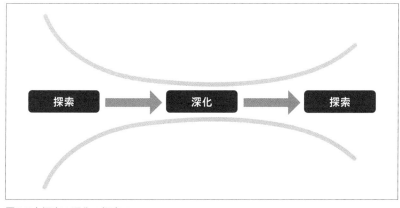

図9-7 | 探索→深化→探索 →…

　つまり、深化と探索の一方に依ることなく適切に使い分けを行う、しかもその意思決定を組織の上位からの指示で行うのでも、外部からの圧力で始めて動くのでもなく、**組織の隅々の人々が自ら考え、自らの意志で行えるようにする。**これがDXという名の組織変革ジャーニーが目指す姿です。

　ですから、組織の基本OSとなる探索のケイパビリティ獲得に取り組んでいかなければならない。**デジタルトランスフォーメーション・ジャーニー**の1周目でスキルのトランスフォーメーションを牽引する原動力を意図的に作り出す必

要があります[5]。組織活動とは勢いがつけば勝手に広がっていくところがありますが、そうした弾み車を押す最初の力がとてつもなく求められます。20年、30年とさびついて動いていなかった領域に踏み出していくのです、相当な意志と根気が求められます。そのような状況下では「取り組み方の正しさ」にこだわっていても、びくともしません。むしろ、押せば動くところから始める（探す）という感覚が必要です。探索のケイパビリティの獲得を組織内に展開していくためには、**ゴールデンサークルの罠**にはまらないようにしなければなりません（**図9-8**）。

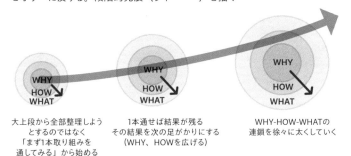

図9-8 ゴールデンサークルの罠と段階的発展

　新たなケイパビリティを得るために、「正しい思考」と「正しい振る舞い」を身につけるまで、一歩も探索を始められないとしたら。おそらくアジャイルへの取り組みは数年単位でまったく進まないことになるでしょう。そうではなく段階的な発展をイメージしましょう。原則を絶対視し、すべての条件が揃うの

5　DX推進部署、情報システム部門、それらに対する経営からの働きかけ、あるいはいずれにでもない「現場」からの取り組み、すべてが原動力になりうる。どこかから始まるのを待つのではなく、おそらく本書を読むすべての人が「始める」理由を持てるはずだ。

を優先するのではなく、「その場にある状況を利用して可能な範囲で始める」というスタンスが現実的でかつ効果的です。

たとえば、何らかの事情でスクラムマスターが招聘できない場合、「スクラムマスターがいないのでスクラムを始められない」とすると何ひとつ学びを得ることができません。まず考えるべきはスクラムマスターがいないことで、チームにとってどのような悪影響やリスクがありえるのかです。こうした検討を放棄して、取り組みをゼロにしているうちは状況はまったく進みません。こうした思考性のことを第8章にて「手中の鳥の原則」として説明しました。「手中の鳥の原則」は、**エフェクチュエーション**と呼ばれる行動原則の1つです（**図9-9**）。エフェクチュエーションとは、もともとはアントレプレナー（起業家）に共通する思考と行動の原則をまとめたものです。アントレプレナーを取り巻く環境とは不確実性が極めて高く、まさしく仮説検証やアジャイルが求められる世界と言えます。こうしたアントレプレナーを支える行動原則は、組織にとって不確実性の高い活動となるDXでも適用することができます。

エフェクチュエーション

アントレプレナーに共通する思考と行動の原則。
DXでも探索ケイパビリティの獲得や新規事業開発にあたって、基礎的なマインドセットとして活用する

- 「手中の鳥」の原則：まず既存の手持ちの手段やリソースで始める
- 「許容可能な損失」の原則：致命的にならないリスクの許容範囲を想定しておく
- 「クレイジーキルト」の原則：立ち位置（ex顧客、競合他社）を越えて関係者とのパートナーシップに努める
- 「レモネード」の原則：損失をむしろ機会として捉え、偶発的な出来事を元に取れること、できることを考える
- 「飛行機の中のパイロット」の原則：状況をよく観察し、適応的な行動を取る

図9-9 │ エフェクチュエーション

エフェクチュエーションとゴールデンサークルは対比的に見ることができますが、これもどちらか一方が正解であるという二項対立的に捉えていては上手くありません。新たな仕事のスタイルやケイパビリティの獲得にあたって、その始め方と広げ方で適応の仕方が異なるという立ち位置を取り、両者を変革の方法に加えるようにしましょう（**図9-10**）。

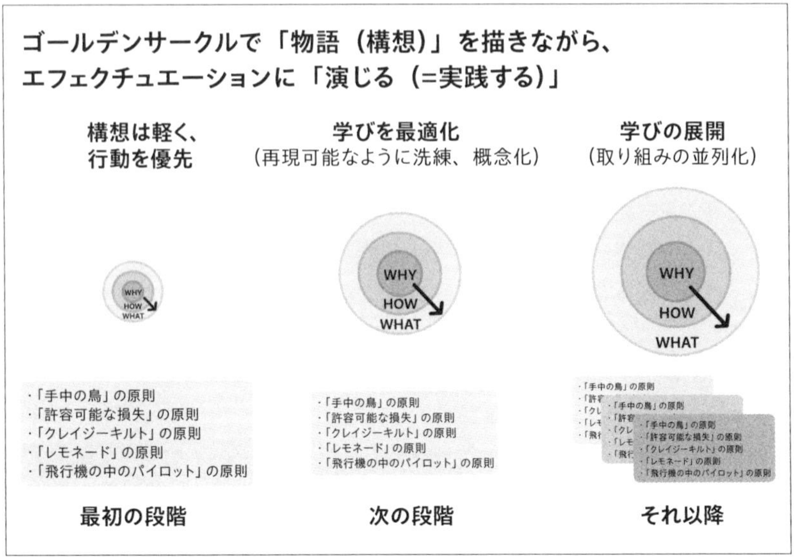

ゴールデンサークルで「物語（構想）」を描きながら、エフェクチュエーションに「演じる（=実践する）」

構想は軽く、
行動を優先

学びを最適化
（再現可能なように洗練、概念化）

学びの展開
（取り組みの並列化）

WHY
HOW
WHAT

WHY
HOW
WHAT

WHY
HOW
WHAT

・「手中の鳥」の原則
・「許容可能な損失」の原則
・「クレイジーキルト」の原則
・「レモネード」の原則
・「飛行機の中のパイロット」の原則

・「手中の鳥」の原則
・「許容可能な損失」の原則
・「クレイジーキルト」の原則
・「レモネード」の原則
・「飛行機の中のパイロット」の原則

・「手中の鳥」の原則
・「許容可能な損失」の原則
・「クレイジーキルト」の原則
・「レモネード」の原則
・「飛行機の中のパイロット」の原則

最初の段階

次の段階

それ以降

図9-10 | ゴールデンサークルとエフェクチュエーションによる組織変革ジャーニー

　ゴールデンサークルの罠を回避し、アジャイル適用の最初の一歩を踏んでいく道を選択した場合、その後の進展については第5章で解説した「**行為から学ぶ**」を方針に置いて進めていきましょう。

　「行為から学ぶ」作戦では、最初の一歩を踏むだけの知識提供が必要となります。具体的には最初の知識提供として「ガイド」を用意します。ここでいうガイドとは必要最小限に内容をコンパクトに収めた「**小さな型**」のことです。大きな組織の中で、まず「気づいてもらう」「知ってもらう」必要があります。「アジャイルの存在すら知らない」ところでは、その存在がいつでも確認できるよう、立ち返り先が必要です。

　そのためのガイドですから、いわゆる組織標準のような形式張ったものではありません。最初期の段階から標準作りを目指してしまうのも伝統的に昔からある罠です。こうした作りすぎを行ってしまうと、内容が重すぎてまず組織内での受け入れに時間がかかり、思うように浸透しません。また、新しい取り組みだけに自組織に内容がフィットしているのかわからないまま想像で作る部分が多くなってしまいます。それゆえに、内容が机上の理論の域を脱しておらず、自組織の活動、文脈と合致していないことが後々になって判明することになります。その後には、なまじ標準まで昇華してしまっているだけに「守るべき条

件」となってしまい、かえって足かせと化してしまうという未来が用意されています。

　ガイドはできる限り小さくあるべきです。「小さい」ということは、理解のために求められる労力を減らせるということはもちろんのこと、実践を進め深めていくには内容が不足し始めることになるのです。取り組むチームや部署はこの不足を補うためにおのずと学び動かなければなりません。つまり、小さい＝不足とは、次の段階を自ら踏んで進んでもらうようにする布石でもあるのです。

　こうした狙いであればそもそもスクラムガイドの提供があれば事が済みそうにも思えます。しかし、組織の中に新たなOSをもう1つ抱え込ませる活動であることを踏まえると、可能な限り理解するための「負荷」を下げる必要があるのです。具体的には組織が手がける事業の状況とその背景、また現状の課題感といった組織文脈を踏まえたガイドを提供するという必要があるということです。本質は同じであるとして、スクラムガイドを手渡されたところで、これを業務スクラムとして運用していくためには受け取り手が自分たちの文脈に合うように捉え直し、整合性を作っていく必要が出てくるわけです。初めてアジャイルに取り組もうとする人たちにこの行為を促したところでまず行き詰まることでしょう[6]。

　こうして小さな型から始めて、最初の一歩を踏み、その一歩を題材にふりかえりやむきなおりを通じて学びを広げ、深めていくという「行為から学ぶ」に則るわけですが、実際にはここに伴走者の存在が必要になります（**図9-11**）。

6　政府情報システム開発には、標準ガイドラインという開発のための規程が存在し、ここに2021年から『アジャイル開発実践ガイドブック』が加えられている。当然ながら内容の本質にあたるところはスクラムガイドと共通するところである。しかし、政府情報システム開発を下敷きに引くならば、その文脈にあわせて伝えるべき順番、失敗しやすいケース、何に留意して取り組むべきかなどの補足が重要となり、該当のガイドもそのように構成されている。スクラムガイドが組織にそのまま適用できるならばそれに越したことはない。そうでなければ小さな型駆動の組織変革を講じる必要がある。
『アジャイル開発実践ガイドブック』
https://cio.go.jp/sites/default/files/uploads/documents/Agile-kaihatsu-jissen-guide_20210330.pdf

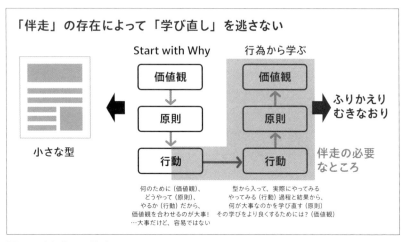

図9-11 | 行為から学ぶ

　「行為から学ぶ」を成すためには、それぞれの行為がどういう意味を持ち、本来はどうするべきだったのか、もっとより良い結果にたどり着くためには他にやりようはないのか、といった問いに向き合う必要があります。こうした問いを自力で生み出し、適切に自分たち自身に問いかけていくには、相応の練度が必要です。自分たちで気づいていないことを問いを手がかりに気づけるようにしていくというわけですから、難易度は高めです。ですから、こうした取り組みに寄り添い、適宜良いタイミングで知見を提供するような伴走者の存在がほぼ不可欠となるのです。

　問題は、こうした伴走者の確保です。組織内で経験者を求むという時点で、すでに矛盾を起こしそうです。当然、組織の外部から招き入れるという選択を取るわけですが、世の中的にも不足している人材を組み入れることは依然として困難です。特に取り組みを行う最初期の段階は少人数で済むとしても、アジャイルを組織に広げていく段階はすぐにやってくるため、たちまち壁にあたるわけです。ここで、必要となるのが、伴走支援の仕組み化です。組織に「**アジャイルのギア**」を作る、と呼んでいます（**図9-12**）。

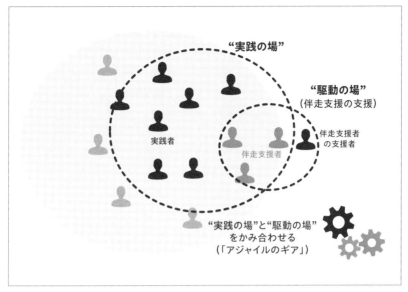

図9-12｜組織に「アジャイルのギア」を作る

　つまり、経験豊かな伴走者を1つのチームに張り付かせるのは最初期の段階のみであり、それ以降はできる限り「伴走支援者自体を作る」ほうに回るわけです。伴走支援者の伴走支援を行うことで、アジャイル適用展開をスケールさせる狙いです。

　このように希少な専門性を戦略的に活用する組織運営と言えば、第8章で示したアジャイルディビジョンとアジャイルブリゲードです。こうした伴走支援者自体を作ることを取り組むべきテーマとして掲げ、アジャイルブリゲードが現場への働きかけとして実際に**伴走支援者の支援**にあたるという動き方です。

　デジタルトランスフォーメーション・ジャーニーとは、DXという絶好の機会を活用して、組織のOS自体を見直し、探索のケイパビリティを獲得し、実際にその運用に乗せるまで導いていくという旅路となります。そして、その探索のOSを担うアジャイルをソフトウェア開発だけではなく組織の隅々にまで行き渡らせる「**アジャイルトランスフォーメーション・ジャーニー**」でもあるのです。

アジャイルの縦糸と横糸で組織を編む

　最後に、アジャイルハウスの最上階に上り詰めましょう。アジャイルの適用は、業務から組織運営へと至ります。第8章の最後でたどり着いたように、アジャイルディビジョンとアジャイルブリゲードは、戦略と現場の一致を作るための組織構造です。このアジャイルの構造化を組織の基本構造として形成していくのがアジャイルハウスの3階部分にあたります。

　まず、第一段階として現場レイヤーと、マネジメントレイヤーそれぞれの運営にアジャイルを適用します（**図9-13**）。繰り返しになりますが、組織のアジャイル化を働きかけ、後押しする役割がアジャイルブリゲードです。

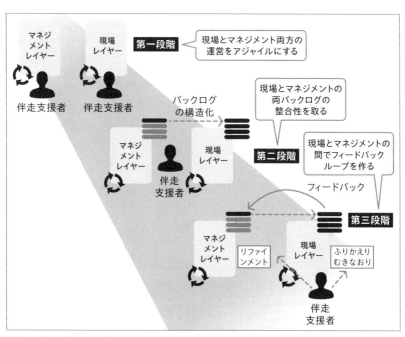

図9-13 | アジャイルの構造化

　次に第二段階として、マネジメントレイヤーのバックログと現場レイヤーのバックログの整合性を取っていきます。これは伴走支援者がマネジメントと現場の運営双方に関わることで、双方相互で必要な文脈、情報の補完を行う立ち回りをします。主に、抽象度の高いマネジメント側のバックログと詳細具体な現場側のバックログの間で情報の解像度を揃えていく役割です。マネジメントレイヤーのバックログをかみ砕き、実行可能にしたものが現場側のバックログ

になります。

　そして、第三段階がマネジメントレイヤーと現場レイヤー間でのフィードバックループを形成することです。現場レイヤーでのふりかえりやむきなおりの結果をマネジメントレイヤーへとインプットし直していく。その内容を踏まえてマネジメントレイヤーがバックログのリファインメントを行い、また新たな取り組みを構想していく。このフィードバックループの形成も、最初は意図的に働きかけなければフィードバックされたりされなかったり、あるいは受け止められなかったりするでしょう。ここも両レイヤーに関与する伴走支援者の働きが期待されるところです。

　事実上、伴走支援者がマネジメント・現場両スクラムにまたがるスクラムマスターの位置づけとなります。ただし、いつまでも伴走支援者が介在しなければフィードバックループが回らないということでは自律的とは言えません。両スクラムがお互いの接点となる場を作り、ふりかえり、むきなおりを行えるようになるのを目指しましょう。お互いのかみ合わせを良くするためには、双方が持っている情報の解像度や整合性を合わせる必要があり、そのためにはお互いのバックログの関連が取れていなければなりません。

　組織構造においてマネジメントと現場間でフィードバックループを形成するのが組織アジャイルの「縦糸」にあたります。では「横糸」は何でしょうか。組織の中に作るアジャイルの横糸とは、まさしく**組織構造に依らず、横断する繋がり**です。具体的には組織内でのアジャイルのコミュニティにあたります。アジャイルハウスを取り組んでいけば、組織のあちこちに「スクラムの回転」が生み出され始めます。こうしたスクラム同士を繋ぐのがアジャイルコミュニティです（**図9-14**）。

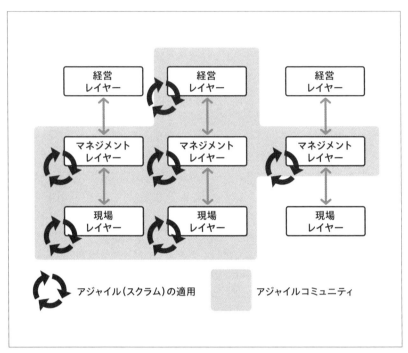

図9-14 | アジャイルの縦糸（アジャイルの構造化）と横糸（アジャイルコミュニティ）

　組織に新たなOSをインストールするにあたっては、様々な障害や問題が現れてくることでしょう。そうした組織上の「エラー」を乗り越えていくためにはお互いの知見を共有することが解決への道です。「行為から学ぶ」で得た知見を語り合う場作りを行います。こうした経験語りを特に組織横断的に行う場として、「**ハンガーフライト**」と呼びます（**図9-15**）[7]。

7　大昔、飛行機乗りたちは空での経験を互いに共有するためにハンガー（格納庫）に集まって談義していたという。この場のことを**ハンガーフライト**と呼ぶ。現代の組織活動でも、不確実性の高い活動が増えていくことを思えば組織の形に依らず、知見を語り合う場が必要となるだろう。ハンガーフライトの具体的な開催方法については、以下の書籍を参照されたい。
　『カイゼン・ジャーニー　たった1人からはじめて、「越境」するチームをつくるまで』（ISBN：978-4798153346）

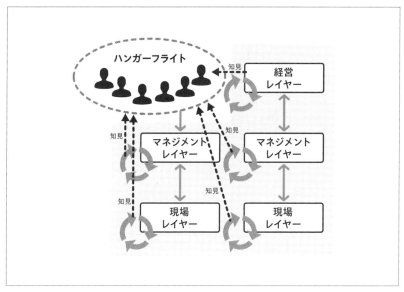

図9-15 組織横断的な知見共有 =「ハンガーフライト」

1つ注意するべきことがあります。知見の共有にあたって外部の事例を持ち込んでそのまま適用しようという動きにしないことです。アジャイル適用や運営について、組織の外に事例を求めるということはごく自然に行うことでしょう。そうした見聞を得ることは大切なことですが、組織の外で成功した事例をそのまま組織の中に持ってきてしまうと、文脈違いの罠が待っています。ある取り組みが結果を出した場合、その前提や状況、制約、また実施者の経験など数多くの変数がどのような値を示していたのかを踏まえなければ期待するような効果は得られません。これは実は、組織の内側における事例学習でも同じことが言えます。特に規模が大きな組織ほど同じ組織であっても、文脈違いは起きうることです。組織内外いずれにしても、知見を分かちあうにあたってはどういう背景や状況下で取り組んだのかという文脈の共有まで行うことと、実際の過程や結果からパターン（型）としての整理を行うことです。コルブの経験学習モデルをもとに「**ものわかり**」を場に組み入れましょう（**図9-16**）。

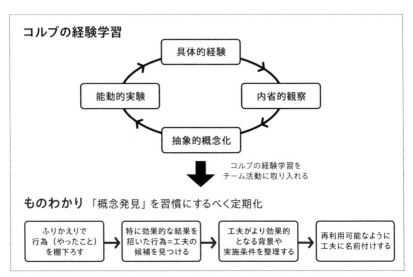

図9-16|「ものわかり」とは[8]

　こうしてアジャイルの縦糸と横糸が織り込まれた組織とは、変化への適応力が極めて高く、また学習したことを組織内に展開していく伝播力も備えられることになります。その中核にあるのはアジャイルが前提と置き、またアジャイルな振る舞いによって育てられていく「協働」という価値観です。アジャイルは、アジャイルな思考と振る舞いが苦もなくできる達人のような人材だからできるのではありません。見様見真似でもアジャイルな振る舞いを一歩でも取り組んでいき、行為から学び直すことを習慣として身につけていくからこそ、やがてアジャイルになっていくのです（**Be agile by Agile**）。

　この考えに立つと、一個人としても組織としても経験を省くことはできず、自らの経験によって次の成長を生み出すと言えます。これは生物の進化の過程と同様にどうしても時間がかかることになります。しかし、生物に寿命があるように、組織にも取り巻く環境が許してくれる「残り時間」があります。環境に淘汰される前に、いかにして進化にかける時間を短くできるか、これがDXへの期待です。

8　本書で紹介したアジャイルブリゲードも、ものわかりによって整理された概念である。あらためて整理され、新たに名前付けされた「工夫」は最初は「仮説」のことが多い。実験的な取り組みを行い、その効果を検証していくようにしよう。

　ただし、トランスフォームを「始めること」と、「短くすること」を同時に取り組むのは避けるべきです。取り組みは即座に混乱し、掲げるビジョンの高邁さとは裏腹についていけている当事者がほぼいないという状況を生むことになるでしょう。

　旅を始めるための指針を示すコンパスとして、**デジタルトランスフォーメーション・ジャーニー**をお伝えしました。まず、このジャーニーを始めることに焦点を当てましょう。踏み出せば、そこからどのくらいの時間があれば次の段階に行けそうか距離感を得られます。段階を進めていくのに早すぎず遅すぎず、持続的な活動となるよう速度の「傾き」を捉え続けていく必要があります。本書で何度となく出てきた「ふりかえり」と「むきなおり」は、この傾きの調整を行うための機会です。

　現実には組織のトランスフォーメーションには相応の時間を要することになり、これに取り組む自分の時間が間に合うか、間に合わないかという問題も見えてくることがあります。物理的に残された時間という以上に気力が続くかという話です。もちろん、30年近くかけて積み上がってきた組織の課題を一個人が背負えるはずもありません。組織のトランスフォーメーションは、その取り組みの初期段階から、「次に託す」という構想も持っている必要があるのです。何を次に残すのか。それは変革を続けていく「仕組み」です。もし、組織運営にアジャイルを芽吹かせ、スクラムの回転を始めることができたら。その回転を前提として、次のジャーニーを再出発できることになります。重たい弾み車が軋みながらも動き出しているのであれば、それは次を担う人たちにとっての希望とすら言えます。

　最後に、本書を通じて示したDXとは、どこから始まるものなのでしょうか。経営が組織のこれからに危機感を持ち、DX推進の専任部署を作るところからストーリーが始まれば理想的な走り出しと言えるでしょう。しかし、必ずしも現実はそうとも限りません。では、誰かが蹴り出すのを待つしかないのでしょうか。

　そんなことはありません。2001年に生み出された「アジャイル」が時を超えて、今や開発だけではなく組織変革の文脈に躍り出ているのは、脈々と様々な人たちによる試行錯誤の実践が積み重ねられてきたからに他なりません。そうした取り組みは、組織のトップダウンに基づいたものでも、専門家の支援が最

初からあったわけでもありません。「今の延長線上に期待できる未来がありそうにない」という、**どうにかしたい思いで現場から始まった一歩に基づく**ものなのです。まさしく、明日の筋書きを変えるための今日の不確実性を高める一歩だったのです。

　そう、DXを始められるのは経営や一握りの戦略担当者、マネージャーだけなのではありません。組織の一員であれば、誰でも始めることができます。自分たちのいる場所の、この先に希望を持てるようにしたいという意志を止めることは誰にもできません。かつて、アジャイルがそうであったように。変革は、あなたから始まる。

参考文献

■ DX

・『未来IT図解 これからのDX　デジタルトランスフォーメーション』内山悟志　著（エムディエヌコーポレーション／ISBN：9784844369943）

・『アフターデジタル2　UXと自由』藤井保文　著（日経BP／ISBN：9784296106318）

・『リテール・デジタルトランスフォーメーション　D2C戦略が小売を変革する』三嶋憲一郎、FABRIC TOKYO　著（インプレス／ISBN：9784295010500）

・『いまこそ知りたいDX戦略　自社のコアを再定義し、デジタル化する』石角友愛　著（ディスカヴァー・トゥエンティワン／ISBN：9784799327173）

■ アジャイル開発

・『いちばんやさしいアジャイル開発の教本　人気講師が教えるDXを支える開発手法』市谷聡啓、新井剛、小田中育生　著（インプレス／ISBN：9784295008835）

・『カイゼン・ジャーニー　たった1人からはじめて、「越境」するチームをつくるまで』市谷聡啓、新井剛　著（翔泳社／ISBN：9784798153346）

・『アジャイルサムライ──達人開発者への道』Jonathan Rasmusson　著／西村直人、角谷信太郎　監訳／近藤修平、角掛拓未　訳（オーム社／ISBN：9784274068560）

・『アジャイルな見積りと計画づくり　価値あるソフトウェアを育てる概念と技法』Mike Cohn　著／安井力、角谷信太郎　翻訳（マイナビ出版／ISBN：9784839924027）

・『アジャイルソフトウェア要求』Dean Leffingwell　著／株式会社オージス総研　翻訳／藤井拓　監訳（翔泳社／ISBN：9784798135328）

・『適応型ソフトウェア開発　変化とスピードに挑むプロジェクトマネジメント』ジム・ハイスミス　著／ウルシステムズ株式会社　監訳／山岸耕二、中山幹之、原幹、越智典子　訳（翔泳社／ISBN：9784798102191）

■ スクラム

・『スクラムガイド』https://scrumguides.org/docs/scrumguide/v2020/
2020-Scrum-Guide-Japanese.pdf

・『SCRUM BOOT CAMP THE BOOK【増補改訂版】　スクラムチームでは
じめるアジャイル開発』西村直人、永瀬美穂、吉羽龍太郎　著（翔泳社／
ISBN：9784798163680）

・『エッセンシャル スクラム　アジャイル開発に関わるすべての人のための
完全攻略ガイド』Kenneth Rubin　著／岡澤裕二、角征典、高木正弘、和
智右桂　訳（翔泳社／ISBN：9784798130507）

■ ふりかえり

・『アジャイルレトロスペクティブズ　強いチームを育てる「ふりかえり」の
手引き』Esther Derby、Diana Larsen　著／角征典　訳（オーム社／ISBN：
9784274066986）

・『アジャイルなチームをつくる ふりかえりガイドブック　始め方・ふ
りかえりの型・手法・マインドセット』森一樹　著（翔泳社／ISBN：
9784798168791）

■ チーム

・『チームが機能するとはどういうことか──「学習力」と「実行力」を高め
る実践アプローチ』Amy C. Edmondson　著／野津智子　訳（英治出版／
ISBN：9784862761828）

・『チーム・ジャーニー　逆境を越える、変化に強いチームをつくりあげるま
で』市谷聡啓　著（翔泳社／ISBN：9784798163635）

■ プロセス、フレームワーク

・『WHYから始めよ！　インスパイア型リーダーはここが違う』サイモン・シ
ネック　著／栗木さつき　訳（日本経済新聞出版／ISBN：9784532317676）

・『OODA LOOP』チェット リチャーズ　著／原田勉　訳・解説（東洋経済
新報社／ISBN：9784492534090）

・『クリティカルチェーン　なぜ、プロジェクトは予定どおりに進まないの
か？』エリヤフ・ゴールドラット　著／三本木亮　訳／津曲公二　解説（ダ
イヤモンド社／ISBN：9784478420454）

■ カンバン、リーン

- 『リーン開発の現場　カンバンによる大規模プロジェクトの運営』Henrik Kniberg　著／角谷信太郎　監訳／市谷聡啓、藤原大　共訳（オーム社、ISBN：9784274069321）

■ 仮説検証型アジャイル開発、仮説キャンバス、ユーザー行動フロー

- 『正しいものを正しくつくる　プロダクトをつくるとはどういうことなのか、あるいはアジャイルのその先について』市谷聡啓　著（ビー・エヌ・エヌ新社／ISBN：9784802511193）

■ ユーザーインタビュー

- 『ユーザーインタビューのやさしい教科書』奥泉直子、山崎真湖人、三澤直加、古田一義、伊藤英明　著（マイナビ出版／ISBN：9784839976156）
- 『ユーザーの「心の声」を聴く技術　〜ユーザー調査に潜む50の落とし穴とその対策』奥泉直子　著（マイナビ出版／ISBN：9784297119959）

■ 分断を越境する

- 『他者と働く　「わかりあえなさ」から始める組織論』宇田川元一　著（NewsPicksパブリッシング／ISBN：978-4910063010）

あとがき

　この本には、DX戦略の描き方やCDO（Chief Digital Officer）をどう擁立するのかといった話は書かれていません。そうした内容については、すでに翻訳や類書が数多くあるため、そちらをあたってください。戦略立案やCDOという役割が重要ではないというわけではありません。むしろ、そうした方針やリーダーがいなければ、デジタルトランスフォーメーションという、組織全体に変革を及ぼす取り組みは一向に前進しないでしょう。

　ということを踏まえてなお、本書ではそこに焦点を当てていません。本書の中で述べたように、「一休さんの屏風のトラ」で組織が変わるならば、すでに多くの組織で新陳代謝を果たしていることでしょうし、そもそもデジタルトランスフォーメーションという言葉自体が不要です。より必要なのは、組織自体が探索的な道のりに臨むあり方とやりようであり、そこで直面する分断を具体的に乗り越えるためのすべです。

　また、そのすべを使いこなし状況を前に進めていくのは、経営だけでもDX推進の専門部署に限った話ではなく、組織の1人ひとりに他なりません。仕事を支援する方法や知識、ツールなどは無数にありますが、そうした手段を用いて結果を作り出すためには人の意志が伴うことが前提です。いくら図形や言葉を敷き詰めた、折寿司のような厚みのあるプレゼンテーション資料だけがあったところで、組織の歩みは一歩も進みません。

　この本は、自分たちがいる場所でより希望の持てる未来を描き、そこに向かうための一歩を踏み出したい、踏み出そうとしている、すべての人たちに向けて用意しました。これまでの前提や慣習、組織の境界を越えていこうとする人は、いつもどこかの分断を前にしてたたずんでいるものです。これから越境しようとするその境の深みと、広さに足がすくんでしまっている場合もあります。組織が抱える数十年分の営みを前にすれば、誰とてそうなります。

　だからこそ、分断にぶつかっている人たちに寄り添い、そのかたわらからの支えとなるものを届けたかったのです。日本の組織の変化を一歩でも二歩でも引き出すことができたら、こんな願いどおりなことはありません。

　境界のそばには、越境しようとする人たちが引力のように引き寄せられてき

ます。この本を読んだ方々と、どこかの境界で出会えることを楽しみにしています。ともに越えましょう。

謝　辞

本書は、デジタルトランスフォーメーションの前線に立つ皆さんにレビューをお願いしました。DX に関与する方々の日々はたいていの場合多忙を極めており、皆さんの貴重な時間をこの本の指摘、感想、フィードバックにあてていただいたことに感謝いたします。

最後までお付き合いいただいた、石川貴之さん、川口賢太郎さん、草野孔希さん、小坂英智さん、志村誠也さん、角倉義一さん、髙田徹夫さん、田中諭さん、田村仁志さん、中村洋さん、林貴彦さん、峰村健史さん、八杉昌雄さん、山本浩道さん、ありがとうございました。皆さんとの様々な挑戦が私にとって掛け替えのない学びとなっています。実際のところ日々のすべての活動がこの執筆を下支えるものとなっており、ここには書ききれない多くの方々との取り組みに感謝いたします。

最後に、この創作を見守ってくれた妻、純子に感謝します。いつもいつも、私を支えてくれてありがとう。

市谷聡啓

索引

259

Profile
著者紹介

市谷 聡啓　いちたに・としひろ

株式会社レッドジャーニー 代表 / 元政府 CIO 補佐官 / DevLOVE オーガナイザー

サービスや事業についてのアイデア段階の構想から、コンセプトを練り上げていく仮説検証とアジャイル開発の運営について経験が厚い。プログラマーからキャリアをスタートし、SIerでのプロジェクトマネジメント、大規模インターネットサービスのプロデューサー、アジャイル開発の実践を経て、自身の会社を立ち上げる。それぞれの局面から得られた実践知で、ソフトウェアの共創に辿り着くべく越境し続けている。

訳書に『リーン開発の現場』(共訳、オーム社)、著者に『カイゼン・ジャーニー』『チーム・ジャーニー』(翔泳社)、『正しいものを正しくつくる』(ビー・エヌ・エヌ新社)がある。

プロフィールサイト　https://ichitani.com

装丁・本文デザイン .... 大下賢一郎

DTP .... BUCH⁺

デジタルトランスフォーメーション・ジャーニー
組織のデジタル化から、分断を乗り越えて組織変革にたどりつくまで

2022年2月21日　初版第1刷発行
2022年4月25日　初版第2刷発行

著　者 .... 市谷聡啓(いちたに としひろ)

発行人 .... 佐々木幹夫

発行所 .... 株式会社 翔泳社(https://www.shoeisha.co.jp)

印刷 .... 公和印刷 株式会社

製本 .... 株式会社 国宝社

本書内容に関するお問い合わせについて

本書に関するご質問、正誤表については下記のWebサイトをご参照ください。
お電話によるお問い合わせについては、お受けしておりません。

正誤表　　　　https://www.shoeisha.co.jp/book/errata/
刊行物Q&A　　https://www.shoeisha.co.jp/book/qa/

インターネットをご利用でない場合は、FAXまたは郵便にて、下記にお問い合わせください。
送付先住所 〒160-0006　東京都新宿区舟町5
(株)翔泳社 愛読者サービスセンター　FAX番号：03-5362-3818

ご質問に際してのご注意
本書の対象を越えるもの、記述箇所を特定されないもの、また読者固有の環境に起因するご質問等にはお答えできませんので、あらかじめご了承ください。
※本書に記載されたURL等は予告なく変更される場合があります。
※本書の出版にあたっては正確な記述につとめましたが、著者や出版社などのいずれも、本書の内容に対してなんらかの保証をするものではなく、内容やサンプルに基づくいかなる運用結果に関してもいっさいの責任を負いません。
※本書に記載されている会社名、製品名はそれぞれ各社の商標および登録商標です。